焦虑的大人和不被看见的孩子

柏燕谊 著

中信出版集团 | 北京

图书在版编目（CIP）数据

焦虑的大人和不被看见的孩子 / 柏燕谊著 . -- 北京 :
中信出版社，2021.3 (2022.4重印)
ISBN 978-7-5217-2781-4

Ⅰ . ①焦… Ⅱ . ①柏… Ⅲ . ①心理学－通俗读物
Ⅳ . ① B84-49

中国版本图书馆 CIP 数据核字 (2021) 第 026942 号

焦虑的大人和不被看见的孩子

著　　者：柏燕谊
出版发行：中信出版集团股份有限公司
（北京市朝阳区惠新东街甲4号富盛大厦2座　邮编　100029）
承 印 者：宝蕾元仁浩（天津）印刷有限公司

开　　本：880mm×1230mm　1/32　　印　　张：9　　字　　数：155千字
版　　次：2021年3月第1版　　印　　次：2022年4月第 6 次印刷
书　　号：ISBN 978-7-5217-2781-4
定　　价：58.00元

推荐序一

让我们的感觉重新苏醒过来

在难得清闲的早晨，阅读着柏燕谊老师这本《焦虑的大人和不被看见的孩子》，心情随着她的文字，逐渐地在安静中涌出许多的悲伤。

柏老师是一位杰出的心理工作者，她的专业性可以从她对书中所举例的许多孩子的描述里看出来。柏老师的行文，虽然是短短的语句，却可以令人感同身受。这些已经被老师、父母或同学，乃至我们的社会，贴上很多类似

“坏孩子”或“笨孩子”这一类标签的孩子，柏老师对于他们的内在却有着完全不同的理解，甚至有些时候孩子们自己也不清楚这一部分。

这是一群没有被看见的孩子。当然，所谓的没有被看见，并不是指表面上被忽略，而是表象背后深层次的意义。一个青少年急着去打舌洞，除了说他叛逆或追求时髦，我们能不能从他让自己的口腔里永远伴随着一种金属冰冷的异物感的行为，想象他有什么原因要这样去做呢？同样，就算是永远让我们放心的孩子，他的穿着终年朴素而得体，这种人人称为乖巧的表现，对他自己的内心深处是否有什么特别意义呢，例如追求某种安全感？

我们看见一切，但我们又完全没有看见。我们总是把我们熟悉的一切，视为理所当然，也就完全没有真正地看见了。

这是柏老师在这本书中一直用心良苦地想让我们了解但我们却没有真正看到的，这种以为自己看到却没有真正看到的行为，给孩子带来的影响，其实是充满伤害的，是我们这个社会一直都没有人好好去呼吁避免的，也是许多父母一辈子从来都没意识到的。所谓大人对孩子的各种好，恐怕很多时候是无法想象的对孩子的严重伤害。

当然，柏老师的这本书里也提及，还有很多孩子是父母根本都没有想着花心思去陪伴的，特别是在没有人看见的时候。很多父母将自己的“养育工作”视为一种表演，只在有其他人或社会性的场合里，才有对孩子的陪伴；在无人知晓的时候，这些父母似乎就忘记了孩子的存在。这样的态度，对孩子的伤害当然也就更加严重了。

2020年是十分特殊的一年，疫情像是一种新的混沌，让全世界的时钟都乱掉，大家不得不重新开始寻找秩序。有许许多多的家庭，全家才几个人而已，这时候才开始发觉他们彼此其实并没有真正地相处过，甚至连最基本的“看见”都没有。这种情形发生在父亲和孩子之间，也发生在母亲和孩子之间，更发生在父亲和母亲之间。不被看见，成为我们现代社会家庭日常生活的常态。

20世纪80年代初，波士顿有一群心理学家和精神分析师合作，开始持续地研究母亲和襁褓中的婴儿是如何互动的。他们要求母亲在与孩子互动的中途，突然停止做出任何面部表情，来看看婴儿会有怎样的反应。当然，基于基本的伦理，他们也提醒母亲只要有任何的不安，都可以随时停止实验。这部名叫《面部表情停止实验》的纪录片里，我们可以看到忽然失去母亲表情互动的婴儿，一开始是努力放大他们的声音和动作——他们以为这样就可以让母亲看见。然而母亲还是面无表情，婴儿就开始更加努力地尖叫抗议，以为这样就可以唤醒母亲了。但影片里的母亲还是继续保持着没有表情的状态，这时婴儿开始发出哭号，充满了绝望，任何一位母亲在这一刻都舍不得再继续这样的实验了。这时候，婴儿发现母亲重又对他充满关注，你可以看到他还是有几秒钟的犹豫，然后才慢慢恢复原来的愉悦笑容，开始和母亲继续十分亲密的互动。

这样的现象，更早以前英国心理学家兼精神分析师约翰·鲍比（John Bobby）也曾经描述过：失去母亲关注的孩子，他们将会随着时间的推移进入不同的心理阶段——放大动作、抗议、绝望，恰是影片里呈现的状态；如果这个婴儿还是看到母亲没有任何回应，或者这种不被母亲看见的状态持续一年，那么他就会逐渐变得疏离，甚至自闭。更可怕的是，孩子有可能因为这种状态持续过久，有相当一部分的反应能力这辈子再也修补不回来了。鲍比和其他的心理治疗师一样，也希望能为这些不被看见而带着成长创伤的孩子，找到可以产生治疗效果的修复方法。关于这种复杂的专业心理治疗，在这里就不多谈了。

柏老师一直提醒我们，千万要避免这种因为不被看见而带来的伤害。看见，好像很简单，但柏老师却在不断地提醒我们——真正的看见其实是要用心的。

心理学家喜欢将父母对孩子的看见称为“镜映”。这个词是从英文“mirroring”直接翻译过来的。然而，我自己以为，“镜映”这两个字有点不太恰当，显得太被动了。

在生活里，从孩子呱呱坠地的那一刻开始，父母的角色就需要一定的主动性，也就是除了像镜子一样照映到孩子的状态以外，还要再加上一些理解。

但这样的主动，却又不能强加上自己原来的想法，必须是从空无的状态出发。父母对孩子婴儿阶段的任何动作，乃至长大以后的举止行为，即便认为自己已经十分熟悉孩子了，还是需要继续保持毫无预设的空无心态，在这样的前提下再去试着理解。

从自己的孩子身上，所有的父母都会看见太多相当熟悉的言谈举止。这种熟悉，会让人做出下意识的反应，就像巴甫洛夫的狗形成条件反射一样，这是失去了思考能力的反应。

在这本书里，随着柏老师的行文走笔，我们看到了一个又一个因为不被看见而受到伤害的孩子，心情自然是沮丧的。然而，一本书会让人难过，往往也是因为唤起了我们一些已失去多年的感觉，甚至是唤醒了自己陌生了很多年的灵魂。我们虽然会难过，但也会因为难过而开始有真正活着的感觉。在这个社会里，如果每个人都是真正活着的——对周遭的事物仍有着活生生感觉的这种活着，那么书中这一切的悲剧，至少可以减少一半以上。

如果我们对于媒体报道出来的悲剧，除了哀伤、无力、感慨、愤怒、嘲讽、咒骂以外，还想做些什么，那就让我们跟随柏老师的教导来学习，像柏老师一样让自己的感觉真正地活着，去真正“看见”我们周围的人吧。

王浩威

中国心理卫生协会精神分析分委会常委

亚洲家族治疗学会副会长

国际分析心理学会（IAAP）中国台湾地区

分析心理学学会主席及荣格心理学学会主席

一个心理稳定的人可以少受很多苦，又可以多做很多事

2020年开年，艰难而又轰轰烈烈。在这被迫封闭的3个月里，柏燕谊女士没去研究烹饪，没去烤蛋糕、做凉皮儿，她默默地写了一本书，研究了一下：我们，为什么成了这个样子？

她做得太对了，这个时期，再没有比观察、研究人性更适合的了。

这3个月，我时时想起的一句话就是：人间是剧场。剧场是浓缩命运疑问、人性疑难的地方，一场瘟疫，也浓缩了一百年，甚至几百年的故事，让人性有了淋漓尽致的表达。

自疫情开始，进入任何形式的社交媒体，首先看见的，都是铺天盖地的“焦虑”。即使不是受难者，仅仅是个旁观者，这些焦虑也足以将许多人压垮，让他们变得特别焦躁，充满恨意，抱怨连天。而一个荒诞不经的信息也常常能让大家信以为真，蜂拥而起，广泛传播。

在自家社区的群里，看着邻居们吵嘴，我曾试图劝解，被一个邻居抢白：“说这些有什么用？我们都不一定活得过这个春天了。”我吃了一惊，瞬间明白了大家为什么狂躁：对于没有安全感的人来说，这种压力是不堪忍受的，抱着末日即将降临的恐惧生活，那该多么痛苦啊！于是又一次感慨，面对同一个处境，人的感受竟能如此不同，比如我从未觉得这段日子有多么恐怖，只觉得这是人生中的插曲，我还因此得以按下暂停键，获得几十年未曾有过的悠闲时光：书也看了，剧也追了，屋子也收拾干净了，饭也比以往花样多了，连家里的老病猫都因主人的平和而身体好起来了。自己过安稳了，也有余力帮助别人，援助武汉的两个公益项目和救助动物的两个公益项目都认真参加并顺利完成了。

我觉得很幸运，因为一个心理稳定的人可以少受很多苦，又可以多做很多事。就像一个自信的学生遇到考试一样，可以从容答题，取得不错的成绩，而不需要熬夜背书。我曾经饱尝压力，还吓坏一家子人，庆幸自己提前做了心理建设，各种自我认知、自我校正已持续了10年，接纳了自己，也就接纳了别人，接纳了世界，连死亡都一并接纳了。能把这门功课做下来，要感谢身边的一些优秀的心理专家，包括柏燕谊女士！否则，我可以确定，我不仅会和别人一样焦虑，还会恨天恨地。

我主持法制节目已近10年，每天讨论刑事犯罪的话题不是一件愉快的事。这里能看到人性最黑暗的角落，在那千奇百怪的，或血腥或悲伤的故事里，你永远能看到不良的成长背景给一个人带来的毕生的阴影，他们或自尊低下，或情感淡漠，或无视规则，或暴力成癖，或撒谎成性，或极度以自我为中心……这一切最终将他们导向了黑暗的命运。你常常能在这些黑暗道路上看到一些节点，会想：道路在这里分岔了，本可以走向另外一端，可惜，他们没有这样选择，他们没有获得这样选择的能力。

我们每个人都背负着自己成长的伤，我懂得什么叫性格即命运，也知道自我校正、自我超越有多难，但我还是坚持认为，心理建设是我们必须做的功课。如果你还有自我救赎的愿望——或者，至少还有自我认知的愿望，那么，这样的心理学的书，还是应该读一读的。

张越

中央电视台知名节目主持人

在我做情感节目主持人的这些年，我发现了一个悲伤的规律：在有创伤、有问题的家庭中，孩子的童年都容易过早地结束，他们要被迫承担一些原本不属于他们的责任，甚至会过早地去做父母的保护者。这样的经历在他们的人生中往往成为他们痛苦的源头。如果这些朋友不去面对自己的过往，那他们很容易陷在黑暗痛苦中无法挣脱。柏燕谊在这本书中从哲学、心理学的视角解读很多家庭的痛苦，探讨了走出痛苦的核心力量。

涂磊

情感访谈节目主持人

格物致知不如读心致良知。读心需要读书，读柏老师的书，磨明镜之心。

杨凤池

首都医科大学临床心理学系学术委员会主任、教授、博士生导师女孩的清纯内敛和女人的知性通达，这两个相互矛盾的特质完美地集中在了著名心理学家柏燕谊身上，这让她的笔触犹如手术刀一般，撕开人性中最不肯面对的阴暗与晦涩，又如同一弯蓝月，对这人世间的疼痛，报之以最本真的温柔与抱持，让每一个读到她文字的人，感到深深被理解和被抚慰。

她通过近十年的临床心理学个案研究，结合人本主义的心理学的视角，解读人们现实心灵中的“刺”与“毒”，帮助更多内心无助的人们找到“蜜”和“药”。

相信每一个读到这本书的人，都能在柏老师的带领下，在风雨中做一个挺拔的大人，在阳光下能回归孩子般的纯真！相信这本书能让你的心找到回家的路。

青音

两届“全国播音主持金话筒奖”获得者

家庭治疗学派著名心理学家

目录

Chapter 2 焦虑——存在的既定 19

Chapter 1

发现生命的滋养和原动力

我的一位持续了7年的来访者在最后一次咨询中这样对我说：“我终于知道为什么你会做心理咨询师了。因为你和恐惧成了朋友，而恐惧是我的敌人。”

弥散性焦虑

在咨询的过程中，除了一些抑郁症、强迫症、焦虑症等心理疾病患者来求助之外，更多的是在家庭关系、亲子关系、职场关系中有困惑的人来咨询。这十几年的临床咨询工作，加上自己近50年对生命的体会，我发现走进咨询室的来访者，无不是被自己的恐惧逼进生命坠落的黑洞。而黑洞带给人的感受除了坠落的痛苦和恐惧之外，还有飘浮在未知中的惶恐，被各种力量场撕扯的挣扎，没有方向感和永无止境的不知所措，这一切带来的愤怒都在不断吞噬着我们创造幸福生活的能量。

生活中，很多人认为只要拥有更美丽的脸蛋、更高贵的身份、更多的金钱、更高的地位、更多爱自己围着自己转的情人，就能够让自己内心的惶恐得到安抚，但我们会发现事实并非如此。一旦那些华丽的东西带给我们的刺激感消失，我们依旧会被自己莫名其妙的不安——弥散型焦虑搅得无法安睡。

对于自己，你只是个陌生人

不是说爱是让恐惧消退的唯一力量吗？但是很多人不缺亲人、爱人、情人，而焦虑、恐惧却并没有因此而消退。

“柏老师，您是我找的第N位咨询师，我找的前N位老师也和您一样有名气，但他们让我很失望。我关注您很多年了，非常信任仰慕您，您是我最后的希望。”类似这样的话语经常出现在我和来访者的首次见面中。

我们期待着爱与被爱，期待着一个能和我们有爱的互动的人出现。他们的出现是我们遏制恐惧、拯救自己的救命稻草，但事实是，就算我们拥有了老师、恋人、朋友，我们的生活也不会有多少改善，一段时间之后又会回到原来的轨道上，甚至出现更多新的问题，导致我们疲于奔命，狼狈不堪。

随着我对心理学和对自己有了更多的理解，我越来越相信，期待世界上有拯救者的朋友们一定会失望的。不是爱不能稀释焦虑、恐惧，而是因为，“对爱的误解”是无法让恐惧消退的。

永无止境的恐惧不仅剥夺了我们良好的睡眠、感受快乐的能力，甚至还把家人、朋友隔离在我们的生活、情感之外，给我们留下抑郁、强迫、焦虑、睡眠障碍、进食障碍等各种令我们无法理解和摆脱的心理、生理问题。

于是，心理咨询师就成了深陷恐惧黑洞的人急需抓住的救命稻草之一。在这之前，他们其实有过很多次获救的机会，之所以没能自救，没能实现逆转，反而频繁造成创伤，是因为对于他们而言，自己只不过是个陌生人。

不是我们没有遇到真爱，而是我们没有遇到自己。

我们先不去探讨“我是谁”这个终极哲学问题，我只想问你几个问题：

你知道自己想要什么吗？

你知道自己不想要什么吗？

你拥有想要的或者不想要的东西的资本是什么？

这个世界上有什么是属于你的？其中有生命的多吗？

如果你害怕的东西都消失了，你就真的不会恐惧了吗？

你爱过你自己吗？

你爱自己的方式是滋养自己的，还是剥削你自己的？

你看到的别人到底是真实的他，还是你想看到的“他”？

你是在为你的需要买单，还是在为你的欲望买单？

如果上面的问题你都不能确定地回答，那你怎么证明自己是活着的？

爱的浓度与包装

一个人了解自己的基础就是他真的被当成一个独立的生命，被情感（爱）浇灌过。只有被爱过的生命才有力量来完成更多的自我审视与创造。一个生命诞生之后，无论他是以什么样的方式存活着，这其中都有爱的存在，只不过爱的浓度不同，被包装的样子也不同。

曾经我的一位来访者说：“我刚生下来的时候，因为是一个女孩，爸妈就把我扔到了村头的水沟里，幸好那时是旱季，否则我就被淹死了！我从来都没有被爱过！你说每个生命都被爱过，我是一个例外。”

我问她：“一个刚生出来的婴儿被扔到水沟里，太可怕了，那当时是婴儿的你是怎么活下来的？”

她说：“我姥姥来看我妈妈，听说他们把我扔了，把我爸爸骂了一顿，还打了我妈妈，然后带着我妈妈把我又捡回来了。但是我姥姥在我不到两岁的时候就去世了，爸妈一直都对我很不好，我的童年记忆中，除了姥姥，没有任何其他的快乐。”

我问：“那时你还不到两岁，那你记得你姥姥吗？”

她说：“我认为我记得，我妈妈和我家里其他人告诉过我，在我小的时候，我姥姥怕我爸妈又对我下毒手，就三天两头地来看我。我还记得她身上都是烧饭灶台里柴火的味道。”

我说：“那你爱你姥姥吗？”

她说："爱，虽然姥姥不和我们生活在一起，但那是唯一在乎我的人，也是我唯一爱的人，我恨我爸妈。"

我说："看来，你不是例外，你的生命中是有爱的。哪怕那个爱只是黑暗中一点微弱的萤火，只是一丝似有似无的味道，一个被你记了33年的味道。"

我想借这个案例说明的是，我们都是被爱浇灌过才得以生存下来的生命个体，不论爱是什么形式、什么浓度、什么颜色、什么味道，它都是我们生命的出发点。但在很大一部分朋友的心中，我们拥有的和我们期待的，以及我们为了拥有而付出的代价，两者实在是太过悬殊。这让我们很容易忽略自己拥有的，甚至会否定自己，否定自己的拥有。

在上面那位来访者长达4年多的咨询中，我还问过她一个问题："既然在你两岁之前你姥姥就去世了，那在你两岁之后，你在你家里是怎么安全地活下来的？"

……

一个对自己和自己的过往全盘否定的人，是没有办法不恐惧的。这个恐惧来源于，他认为不论拥有什么，最终他都将一无所有。

说到这里，你能确定自己拥有爱、真的被爱过吗？

这里说的爱不是特指两性关系中的爱，而是一个更广泛的情感体验。

出生——“死亡”恐惧的初体验

为什么爱会让我们的恐惧消退？这是很多人问过我的问题。

爱，存在于关系当中。我们和自己的关系，和他人的关系，和职业的关系，和这个世界的关系，都会让自己有情感的体验。

离开关系，人是很难稳定活着的。但这不意味着我们就是脆弱的，只能依赖关系而生存。

不知道你有没有发现，人很难安安静静地什么也不做地独处。即便我们有独处的机会，大都也会玩手机、看书、上网。大多数人总是需要这样或者那样的关系存在，才能让自己安心一些；但同时因为关系而带来需要处理的事情、麻烦，又容易让自己心力不足，疲于应付。

其实“独处”是大多数人出生之前的状态，但降生到这个世界，人的第一体验却是恐惧。出生前后，生存环境的改变，生存方式的改变，分娩的挤压与拉扯的疼痛，这就是一个生命来到世界第一时间要经历的，诞生的过程对于新生命来说是充满痛苦和危险的，在这种类似死亡的体验之后我们才迎来了新的人生。出生，在人的潜意识中留下的印象就是巨大的恐惧——对死亡的恐惧。

情感的滋养与“我”的力量

想要生命不被这种恐惧所控制，有两个很重要的因素。

第一个就是妈妈温暖的怀抱、香甜的奶水、柔软的亲吻。这是生命的第一段现实的关系——母爱。沐浴在母爱中，生命最初的“死亡”恐惧慢慢消退。所以，我们也在潜意识层面习得了要不断去创造爱的关系，或者不断通过各种关系的联结感受情感的滋养，这将成为生命主要的课题。

第二个因素是比外在关系来得更早的因素，那就是我们生命本身——我们自己身体的力量。当我们刚刚来到这个世界的时候，是生物的本能让我们开始呼吸。我们用哭来完成对自己脏器器官的刺激，身体是我们活下来的最有力量的支持。我们一生对于“我”的力量的累积和认可都会通过自己的身体来进行表达，如果这个力量的累积和认可是匮乏的，或者是受挫的，那么我们的身体就会用疾病的方式来发出警告。

“我”的力量伴随着生命而来，但它又不会单纯地仅从生物层面来完成建构。“我”的力量是我们内在精神世界对于自己的理解和接纳，决定着我们的健康和能力。我们不仅通过身体来感受，也通过现实的关系，通过另外一个人和自己的互动来感受这种力量。

看见孩子，看见自己

比如孩子就会通过妈妈爸爸是不是很爱我、很重视我、很欣赏我，来完成“我是不是一个有价值的好孩子”的确认。很多成年人会通过“我的恋人是不是忠诚于我、尊重我”来完成自我存在价值和安全感的确认；还会通过工作、赚钱、打造名声来完成价值感和安全感的确认。

我们在关系当中看到自己，我们以自己的视角解读世界。这也是人们常说的“一人一世界”的原因。

在团体工作坊中，一位年轻的先生打断了一位上了年纪的女组员的哭泣，我问其他组员对年轻人打断女组员的哭泣有什么感受。有的组员说感觉很凝重的氛围因为这个年轻人的打断而变得轻松了；有的组员说感觉年轻人就是爱出风头；有的组员说年轻人打断别人很没礼貌；还有的组员说感觉女组员的哭泣让人心烦，很羡慕年轻人有打断她的勇气。

同样的事情，不同的人却有不一样的感受，不是我们看到的东西不一样，而是“我是谁”决定了我将如何解读我看见的东西。

在咨询室中我和很多来访者经历过初始会谈，随着咨询关系的不断发展，能让来访者觉得咨询是比较安全的关系之后，很多来访者会和我讨论第一次见面带给他的感受。初始会谈时我微笑着沉默，有的来访者会说那让他局促不安，有被审视的感觉；有的则说那样会让他感到温暖和放松；也有的来访者说那会让他有被嘲笑和贬低的感受；还有的说那会让他有被尊重和呵护的感受。

种种感受大相径庭，其实质都是来访者自己内在的情感投射，是他们习惯性再现自己对关系的期待、自我的评价、自我定位的情感体验，这其中咨询师发挥的作用只是很小的一部分，更多的是来访者内心中“我”的力量。咨询师要做的就是不断地把来访者自己还没有觉察的“我”给呈现出来，并且让他们逐渐体会到“我”在咨询关系当中发挥着什么样的作用。这样，来访者就会在咨询关系中不断感受到“我”的真实存在，从而修正过往经历中一些自我误解和对关系的纠结。

如果人们没有通过关系感受到“我”的力量、自己的真实存在，而是体会到关系当中自己的无力感，那么潜意识当中出生时伴生而来的“死亡”恐惧就会浮现出来，人们会因此而莫名其妙地觉得心烦意乱，焦虑不安。

但是现实生活中，人们比较难意识到导致自己紧张、生活不快乐的原因。归因的时候，人们总是容易把问题归咎于关系中的另一方，所以总是在忙忙叨叨地制造与人、事、物的各种关系。但同时，这些关系反过来也会带给人们很多现实的恐惧，比如考试失败，恋爱失败，职场以及其他社会情境中的挫折。关系就成了一柄双刃剑，甚至拥有的关系越多，越容易让人们遭遇“不开心”。

我们一生当中所有不开心的事情，从内在作用机制来看，不论是人的身体的有限性，还是人在关系当中的局限性，其实都在不同程度地唤起我们伴生而来的“死亡”恐惧。

每个人都在非常用力地逃离内心莫名的恐惧。而很多时候，逃离并不是以我们常见的、认同的方式来完成的，甚至有些在大众的眼中是不正常的。比如有人会虐待小动物，有人长期遭受家暴却依旧不离婚，有人有多个性伴侣、感情却很冷漠等。这些人内心其实非常痛苦，但那些看起来不正常的生活状态，却是他们能够做到的逃离内心恐惧的唯一生活方式，而深藏其中的，是他们自己都不能觉察的对自我力量和爱的体验的期待。

有时候我们会在自己身上或者其他人身上看到很多很拧巴的关系，这些关系不是凭空出现的，人们会在生存本能的驱动下，去寻找和建立能够配合自己远离内在恐惧的人际关系。这也是我们常说的命运。或者说，正是人们为了逃离内在恐惧而制造出的一系列爱的关系的组合，形成了我们的命运。

所以，心理学常说潜意识即是命运。

捕捉爱的浇灌

在前面我提及的那位女性来访者的身上，我们能够清楚地看见她出生后被丢弃的悲惨经历，就是一种赤裸裸的濒临死亡的恐怖体验。姥姥给予她的呵护就是那一丝爱的浇灌。她说她记得姥姥身上柴火的味道，她说她唯一爱的就是姥姥，但是姥姥也只是在她生命的最初不到两年的时光中陪伴过她。一个人要有爱的保护才能不至于精神分裂或者崩溃自杀，这位女士内在的生存本能促使她能够捕捉和保留下来那么久远的一丝味道，并且她牢牢地抓住了这个味道，来帮助自己战胜成长中的各种悲伤、恐惧——而这就是一个人，一个生命自身的智慧和力量。

在人们的内在还没能拥有足够的力量时，人们就无法逃离旧模式的藩篱，那么寻找内心的快乐和宁静最终只能是镜中花、水中月。

所以看见自己，积累足够的内在力量，正是心理咨询的过程中，咨询师们需要帮助这些朋友理解和成长的部分。

心理学有很多流派，从弗洛伊德的经典精神分析到后来的客体关系、自体心理学，以及行为认知、人本、家庭治疗、后现代等各个流派，每个流派、每位心理学家、每位心理咨询师都在用其所认同的知识体系来帮助来访者清晰地看见——看清内心的冲突，继而协助来访者找到解决这些冲突的方法。

在我从事心理咨询工作的这十几年中，我发现每个人在自己的人生中，都是自己最强大的力量来源，也是帮助自己成长的最好智者。

或许我们对生活不太满意，在别人眼中过得也不好，但目前我们的生活似乎是我们能够做到的最恰当、最平衡的状态。而一旦脱离现有的生活模式，我们就不得不去面对内心莫名的恐惧，面对生活中令我们恐惧的还没有做好准备却必须去面对的真相。

解锁与生俱来的智慧与力量

我是一个对生活和人性充满了好奇的人，这种与生俱来的好奇心，让我一直想要知道很多问题的背后，是不是还有其他的东西。譬如我看到症状背后是冲突，看到冲突的背后是关系，看到关系的背后是情感，看到情感的背后是个体的自我状态。当我走到这一步的时候，世界一下子变得很广阔。就像一个孩子在妈妈的臂弯中看到的是家庭，在家庭外看到的是城市，在城市外看到的是国家，在国家外看到的是世界，在世界外看到的是太阳系，在太阳系外看到的是银河系，在银河系外看到的是宇宙。我看到人的个体状态的背后，是一个又一个更大的循环。个体状态外是家庭的症状，家庭症状外是家族的冲突，家族冲突外是环境、文化和这个家族的关系，而这一切都蕴含着巨大而复杂的情感力量。

每个人都是在这样庞大的、看似确定的体系中，十分不确定地存在着，而让我们能够应对生活的一地鸡毛和重重叠叠的挑战的因素中，有两个非常重要，一个就是我们对自己拥有的关系（爱恨情仇）的理解，另一个就是我们对于自己力量的认识。我们借此寻找爱的同时，也在躲避内在的恐惧。这就是人与生俱来的智慧和力量，如果我们想要有更好的生活，那首先就要解锁它。

Chapter 2

焦虑——存在的既定

我们活在现在。但是我们真的只是活在现在吗？从严格意义上来说，我们一直都是活在过去和未来中。我们成为今天这个样子，源于我们过去的爱、教育以及人生中各种痕迹对于现在的自己的影响，也源于我们对未来的憧憬和期待激发了自己今天面对生活的生命力量。

焦虑是生命的本质

焦虑是人们面对未来、未知的恐惧感，人们担心即将面对的一些突如其来的事情会打破自以为已经掌握或能够掌握的状态。从出生开始，人们就不断地体验焦虑感。为了缓解和消除焦虑感带来的不适，人们开展学习、锻炼、社交，培养各种能力。人们发现拥有的能力越多，保持自己喜欢的状态的时间就会越长。在这种让自己感觉能够确定的状态下，人们总是能够获得更好的安全感体验。

焦虑指向未来，与时间关系匪浅。在钟表出现以前，时间的概念就已经潜入我们的意识。我常和来访者说“大自然是我们终生最好的老师”。从出生开始，我们看见昼夜更迭、四季交替，看见冬去春来、花开花落，看见新生的希冀与喜悦、死亡的绝望与悲痛。这些看见都会让我们对开始和结束有一个既模糊又清晰的感受，而这就是时间概念的雏形。

时间之所以会和焦虑有关联，一方面源于人们的原始自恋是不能够接受自己会死亡这个事实，所以关于“生命是有时间长度限制的”这个认知必然会让人的原始自恋处于无法满足的焦虑中；另一方面是人们对于生命永恒的渴望会泛化到生活中的方方面面，我们总是希望能够让我们开心的、幸福的东西都是保持不变的永恒存在，但是随着时间的推移，总会出现不确定的变化打破我们稳定的生活状态。

时不我待的焦虑感

有一张图大家或许都有印象：一个刚刚出生的宝宝被包裹得漂漂亮亮，身边放着一张纸，上面赫然写着“距离高考还有6570天”。有人说这张图代表着希望、代表着目标；也有人说，这张图代表着压力。

2008年风靡全球的一部电影《生命清单》，讲述了一个人们因为时间意识导致心境巨变的故事：一个富有的白人老头和一个清贫的黑人老头同样患了癌症，面对时日无多的生命宣判，两个人开始了颠覆性的生活。

人具有时间意识，从积极的角度看，它让人们处世行事有计划，从容筹备；从消极的角度看，时间流逝不以人的意志为转移，令人产生无力感和紧迫感，带给人们很大的心理压力。而且这种无力感和紧迫感并非只在人们重病濒死时才产生。当我们感叹逝水年华，蓦然惊觉自己越来越怀旧时；当我们被"孩子给父母打洗脚水"的公益广告戳中泪点时，这些情感的源头都是时间意识。

年幼时的我们总觉得时间足够任意挥霍，而所谓的世界不过就是家庭和可数的几个小伙伴，唯一的任务就是健康成长和智力开发。生活没那么复杂，我们的注意力没那么分散，关于生命的有限性——时间意识也没有很清晰的概念，故而孩子的世界，能最大限度避开时间意识带来的内部压力。

一旦我们的内在对于时间的有限性有了更多的理解和体会，我们会觉得需要完成的事情、需要去实现的东西太多，而时间太过有限，紧迫感和无力感使得焦虑如影随形，生活中的遗憾和失望也会越来越多。随之而来的是我们对自我的不满累积发酵，从而触发自我保护的本能：我们不再苛责自己，不认为是自己能力有限、不够优秀，而是把一切归咎于时间的有限，以此来缓解对自我不满而带来的内心煎熬。所以，生活中比较有意思的现象是：社会竞争参与度越高的青年人和中年人，越容易感叹时间过得越来越快。其实只不过是他们对于时间流逝的无力感和紧迫感，引发了内心的恐惧，在外则表现为焦虑。

我问一位患有焦虑惊恐发作的28岁女孩："既然你的梦想是做一名专业的作家，并且在创作领域已经取得了很好的成绩，为什么现在不继续写作，而是去学法语、日语、俄语，学心理学，进商学院呢？"

女孩说（语速很快）："做一名好的作家要有丰富的生活体验。如果我一点一点来，慢慢体验我的生活，那我觉得生活体验积累起来太慢了，很多大作家都在三十多岁的时候就已经功成名就，如果以我现在的成长速度，估计到50岁我也未必能取得想要的成绩。所以我要快速积累生活经验，只有拥有更多的能力，我才能同时进入更多的生活体验中。"

我说："听你这样说，我除了能感受到积极努力的部分，更多的是一种密不透风的压迫感，甚至有些窒息感。你学的每一种东西都像一股清流，它注入人的内心，会让人有被滋养的力量感，但如果太多股清流同时注入一个载体，就会形成旋涡，身处其中的人就会有眩晕感和窒息感，一个人在这样的状态下还要保持多方面学习的劲头和效率，真的是非常辛苦。"

女孩沉默下来。

我说："感觉你在用巨大的力量控制着被淹没的窒息感，我想，或许如果让你慢下来，你会陷入更大的恐惧。"

女孩说："是的，时间不够了！我不敢慢下来，我怕我在计划的时间内实现不了自己设定的目标。"

我问说："你计划的时间期限是到什么时候？"

女孩说："妈妈反对我写作，当年我说30岁之前一定会出版我的小说，妈妈说，别说30岁，就算到了40岁，她看我也是白忙乎。我今年已经28岁了，可离我的目标还很远，我怕对自己失望，更害怕被妈妈言中。我希望自己能够快一点，再快一点。"

我说："所以你怕的是自己没有想象当中那么优秀，怕的是一个不优秀的你得不到妈妈的欣赏和尊重，你很爱她，想让她像你爱她那样地爱你。"

这个案例的片段给我们呈现了时间带给人们对于自己能力的有限性的恐惧，人们因此而逼迫自己在现实层面非常忙碌，甚至到了被焦虑湮没的地步。

人们的时间意识越是清晰，越会感到焦虑。因为时间就是"生死"，不仅仅是指生病时的身体的生死，也包括理想化自我的生死，爱的生死。案例片段中的"生死"就是女孩内心理想化自己的"死亡"和爱的关系的"死亡"，女孩把对这些"死亡"的焦虑放在一个可视的时间维度里去完成检验和实现，伴随而来的就是"生死"的压力体验。

对于大多数人来说，我们其实和这个焦虑的女孩内在是一样的，都有对自己理想化的期待、对爱的期待，只不过大部分时间焦虑不是那么有压迫感，我们处理起来相对从容一些，当然它依旧会影响到我们。通常人们在面对这样的压迫感时不太容易联想到"自我"和"爱"的意识层面上，因为附着在这些东西上面的压力既抽象又巨大，所以人们会选择用更容易理解和描述的方式去表达焦虑，比如“时间不够”。

活在过去和未来

生命的奇妙在于未知，但未知也会带给人失控的焦虑感。

如何应对时间意识引发的恐惧和焦虑？解决问题的方法通常都隐藏在问题里。

时间带给我们的体验是过去、现在和未来。

我们活在现在。但是我们真的只活在现在吗？从严格意义上来说，我们一直都是活在过去和未来中。我们成为今天这个样子，有我们过去的爱、教育以及人生各种痕迹对于现在的自己的影响，也有我们对未来的憧憬和期待来激发了自己今天面对生活的生命力量。

对于过去，我们希望生命的痕迹足够丰富；对于未来，我们希望有更多美好的憧憬和期待来维系当下充足的生命力量，以此摆脱对人生“譬如朝露，去日苦多”的恐惧。

当现实压力过大的时候，为了弥补遗憾和失望的那部分，生命的痕迹，即那些美好的回忆（怀旧）开始登台。

人们会怀念旧日时光那些美好的经历，因为那些片段不会随着时间的流逝而消失。怀旧不仅能让人们重温过往美好的瞬间，更能让人们内在产生满足，以为时间可以凝固在某个点上。

人们会记起小时候自己和父母一起度过的美好时光，那种久违的、被呵护疼爱的感觉会被唤醒；人们会记起年幼时孩子对自己的无限依恋与忠诚所带来的幸福感。

但是就像河水会把鱼儿带来，也会把鱼儿带走一样，时间会带给我们美好，同样会让这些美好成为过去。我们总是要长大，要离开父母，而我们的孩子也一样会长大、离开。无论我们多么不情愿，时间仍然会残酷地带走生命当中的珍贵与美好。所以与其说我们是被“孩子给父母打洗脚水”的公益广告中孩子的纯真、可爱、孝顺打动，不如说是因时间产生的无力感而悲伤，被在有限的生命长河里稍纵即逝的巨大幸福感和存在价值感叠加在一起的五味杂陈的感受所击中。

人们学习，进行科学创造，发展技术，创造和积累财富，以为拥有的能力和资源越多，我们就会离内在的无力感和匮乏感越远，就会有轻松、安全和快乐的生活。但如果一个人对自己的焦虑不能理解和接纳，那么这种轻松、安全和快乐的感受就很容易变成美丽的错觉。因为在这样的状态下，人们的幸福感不是落在学习、创造过程中，而是在用学习、创造的行动表象来掩盖内心“我不够好”的焦虑。

焦虑是人基于过往生命中对自己的理解而产生的对未来的恐惧。人们在这样的心理动力下，就会不断地创造新的成绩来逃避焦虑，最终累死在逃离的路上。就像你如果认为自己的影子是魔鬼，不断地想要逃离它，那结果就是你要么活在阴影笼罩的压迫中，要么累死在逃跑的途中。

拥有的越多，我们就会以为自己还可以拥有更多；拥有的越多，害怕失去的也就越多。

现实生活中，我观察到有许多人，即使拥有了越来越多的财富、越来越高的社会地位，也不能获得快乐幸福的生活。他们固执地向外寻找，攫取一切让他们觉得可以改变命运的东西，却忽视了自己内在支离破碎的价值感、安全感。最后就呈现出“我活成什么样不重要，重要的是别人认为我活成了什么样”的状态。

人们错误地以为，要想维持内在价值感和安全感，就必须努力保持现有的或攫取创造更多更好的外在拥有，哪怕疲于奔命都不敢停歇。这样的人其实一直活在对过去的恐惧中，内心是没有未来的。而一旦外在的名誉、地位、财富、权力消失或是有降低的可能时，内在价值感的丧失所造成的匮乏感，就会瞬间击碎他之前营造出来的外在虚假繁荣。

控制与生命力量的被剥夺

“只要我在吃，就会觉得心里好受一些。这些年我的体重已经从98斤上升到152斤。我在吃的时候很恨自己，无数次发誓再也不吃零食，要管住自己的嘴，但是我不吃就会心里没着落，慌慌的，吃点东西就好。开始我还以为自己是低血糖，不吃就心慌，吃了就舒服。但现在我依然是这样，我知道这不是身体的原因。柏老师，我真的是因为馋吗？”

一个体重152斤的23岁女孩坐在我对面，如果忽略她的身形，只是看她无助的眼神，我会以为她只有4岁。

女孩的妈妈是大家眼中公认的成功女性，干练、漂亮、优雅，思路清晰，表达能力很强，很有礼貌，非常体贴。当她们刚刚进入我的咨询室的时候，妈妈就很体贴地问我要不要先休息一下再开始咨询（前面有一位来访者刚刚结束咨询）；看我把袖子卷起来一些就问我热不热，要不要开窗；看我拿起杯子喝水就问我要不要再添些水，平时工作这么忙碌有没有喝一些养生补气的茶。有那么一瞬间，我恍惚觉得这不是我的咨询室，我也不再是一个咨询师，在无微不至的关怀下，我变成了一个被无比呵护疼爱的宝宝。但是我并没有因此而开心，反而有一种我的身份被剥夺、能力被弱化、被打扰甚至是被篡位的感觉。

当女孩妈妈开始给我分享瑜伽对颈椎、腰椎的好处时，我打断了她，请她注意今天来找我是做咨询，主角是她体重152斤、陷入抑郁状态无法自拔的女儿，而那个女孩已经在一边沉默了25分钟，听她妈妈周到、正确、热情的生活分享。我也如实告诉了这位妈妈，我刚刚那种身份被剥夺的一系列感受。

她脸上浮现出短暂的愠色，继而用一个优雅的微笑掩盖，并且快速地开始自我批评。然而这次打断她的不是我，而是她的女儿。

那个女孩满脸泪水地对我说："柏老师，您刚刚说的那些感觉就是我平时生活里的感受。但是我不能像您这样说出来。我感觉离开妈妈自己就是一个废物。我想要自己为自己的生活做主，但是我离开她却什么也做不好。我除了听我妈妈的话之外就别无选择。"

面对号啕大哭的女儿，妈妈显然也惊呆了，她一边哄女儿别哭了，一边说："真是身在福中不知福，你有这样的妈妈多幸福啊！我巴不得也有像我这样的好妈妈呢。"

等她俩平静下来，我问这位妈妈："您自己的妈妈不像您这么好吗？"

她告诉我："小时候我妈妈体弱多病，总是咯血，有一次早上醒来的时候，妈妈的枕头和头发都被嘴里流出的鲜血浸湿了。那时候家里穷，也没钱治病，爸爸在外面赚钱，妈妈喜欢哥哥，不喜欢我，一生气就会骂我不骂哥哥，她说如果她死了，就让爸爸把我送人，省得留着让人生气。"

女孩的妈妈跟我说她的过往时一直面带微笑，但是从那个笑容里流淌出的每一个字，都好像被冷冻了一个星期一样。她说自己的妈妈身体不好所以爱发脾气，她很能理解，还说她从有记忆开始就害怕妈妈死掉，那些血太吓人了，她最讨厌红色，害怕妈妈死了自己会被送人。

后来的咨询中，女孩的妈妈再也没有出现过，都是女孩自己来的。但是每次咨询快开始时，女孩的妈妈都会给工作人员发信息确认女儿到了没有；咨询刚结束，女孩就会接到妈妈打来的电话；如果天气不好，咨询结束时女孩的妈妈还会再给工作人员发信息，让我们嘱咐女儿喝点热水再出门，戴好帽子、围巾，而这些话其实她都在刚刚给女儿的那通电话里说过了。

父母对孩子成长与生活的热情参与和无微不至的爱护，我们要如何理解呢？这个问题我们在后面的章节再详细分析，在这一节里，我们先来看看这位妈妈到底是怎么回事，她和女儿的“馋”与胖有没有关系。

代际沉淀对自我成长的影响

回顾本章开头所提到的因时间意识而产生的恐惧和焦虑，过去的“生命痕迹”和因对未来的憧憬而激发的生命力量会同时作用于活在当下的我们，从而构成我们的现在。

案例中的那位妈妈，她就是一个无法自拔、一直活在过去的“生命痕迹”中，热衷于打补丁的人。

时间意识让她深陷于对妈妈死亡的恐惧中，既有丧失妈妈的巨大悲伤，也有担心妈妈死去后，自己的人生会陷入未知的恐惧。

人有一种幻觉，那就是只要我足够优秀，我就能够不死；只要我消除所有的危险，我就能够躲开灾难。我控制得越多，就意味着我越安全。

这个女孩的妈妈就是在做着这样的事情，她不遗余力地让每一件事都尽可能地在自己的掌控当中，来逃避因可能发生的灾难而导致的焦虑。

所以，她看起来美好、能干、强大、热情。

但这都不是真实的她。真实的她是恐惧、无助的，内心无比软弱无力。而她外在表现出来的那些状态、品质，都是对于内在真实自我的掩饰。掩饰的主要对象，不是别人，恰恰是她自己。她想要逃离内心真实的自己，但这是一个伪命题，是无法完成的任务，所以她不能享受自己创造出来的状态、品质和力量，最终只能被逃无可逃的恐惧所淹没。

这位妈妈内在的无力感，会驱使她在各个层面都尽可能地获得更多的力量，这无可厚非。但是力量这个东西很奇妙，因为它不是单一存在的状态。比如蚂蚁和米粒的重量微乎其微，但是蚂蚁能托起几倍于自己身体重量的米粒，从中我们能感受到力量。力量的感受通常都是相对的。

那么对于这位妈妈来说，小时候母亲的疾病剥夺了母亲的力量感，又因为母亲有重男轻女的偏见，并且处在生病的状态，导致她也成了女儿生命力量感的剥夺者。如今这位妈妈自己成为母亲了，她的内在则成了一条饥饿的贪吃蛇，需要不断地获取力量来缓解内在饥饿感。

正是这样一种对生命力量感过度攫取的状态，让我在短短20分钟之内就会有一种被弱化、被篡位的入侵感。

而那个23岁的女孩，她没有其他的机会和空间来补充修复自己的生命力量，内在充满无力感。因为她的妈妈占用了她所有感受力量的机会，于是她的内在逐渐变得和妈妈一样饥饿，只能用无节制的、最原始的吃东西的方式，来完成对于内在饥饿感的驱逐。

对这一对母女来说，最原始的“死亡恐惧”带来的力量感的匮乏，通过女孩姥姥、女孩妈妈和女孩这三代女性的沉淀，最终以女孩贪食发胖的症状表露出来。

“富有”能够治愈焦虑?

很多人都有这样的一个认识误区：治愈焦虑和不安的最好方式就是让自己拥有得更多、更好。尤其是金钱和名利，越多越好。

但其实，一个人的内在如果没有安全感，那么他拥有的东西越多，不安全感也就越大。就好像你拿着1个杯子，就只有打破1个杯子的可能；拿着20个杯子，那么就有打破20个杯子的可能；若是拿着20个水晶杯子，就有打破20个水晶杯子的可能。相同的条件下，这3种情况的危险系数会随着拥有得越多而变得越大。人们在焦虑的状态下，拥有得越多就反而越容易陷入害怕失去、害怕自己能力不够、害怕自己不能创造出更多价值的恐惧泥潭里。在这样的心理状态下，最终的结果就是我们的心灵不堪重负。

我想很多人或许会说，按照这个说法，什么都不做，什么都不曾拥有的人就是快乐幸福的吗?

当然不是。

物质，一定是我们获得快乐生活的基础。

但是人们很容易为了逃避恐惧去创造物质财富，而不是享受创造带给自己的快乐。比如一部分人会说小时候学习是为了取得高分，不用挨打；大一点的时候学习是为了在班里有个好名次，让老师喜欢自己；等考研考博的时候，是不知道除了学习自己还能做什么。这些理由都是外在的，其实我们学习的真正原因应该是学习好带给我们的荣誉感，喜欢的某个学科带给我们好奇心的满足，攻克某些知识难关带给自己的力量感、成就感等。

为了逃避无力感和自我不确定性，人们很容易陷入焦虑怪圈，丝毫不敢放缓繁忙工作的节奏。我接触过很多严重焦虑的企业家，身家已经上亿，每天忙得无暇顾及孩子、家人和自己的健康，当孩子出现重大问题的时候，他们才来到咨询室。企业家在诉说自己作为创业者的艰辛和不被理解的心酸时，他的孩子则坐在旁边一脸冷漠。我问这些企业家真的一年之中连完整陪孩子一天的时间都没有吗？他们先是说太忙，接着又说事情有轻重缓急，再后面说不得不……而最后的答案通常都是：

我不敢停。

更常见的是，人们还喜欢把内在价值感和外在物质价值强行关联，从而忽略了自己内在真正有力量的东西。比如我们经常听到的“别人家的孩子之所以好是因为成绩好”“好男人的标准是能赚钱、有权力”等。

甚至，人们不仅仅这样残酷地对待自己，他们对待身边的亲人时，也完全以物质作为衡量优劣的唯一标准。这样做的后果是人们不是和自己爱的人一起生活，而是把在一起的人打造成自认为正确的人之后再去爱。

所以，我认为快乐的人不是手上拥有很多个杯子且杯子材质昂贵的人，而是不论手上有多少个杯子，他都相信自己有喝到水的能力，能创造出拥有更多杯子的可能；快乐的人是相信水的甘甜和杯子的材质没有关联的人；快乐的人是即便没有杯子也没有水，他也相信自己能找到其他的东西让自己渡过难关的人。

创造物质财富，获取权力，不断提升知识，并不是所有人都拥有的能力。没有这些能力的人也渴望能够逃避生命的有限性带给自己的恐惧。

即便我们有这样的能力，但如果内在匮乏，不能自我觉察和修复，那拥有再多外在的东西也只是暂时性地逃离恐惧，而不会真正实现对自己内在创伤部分的修复。

简单来讲，只要发炎的伤口没处理好，我们就停不了消炎药，并且还会加大药量。

家庭中生命力量的博弈

现实生活中，亲密关系更容易成为人们简单、熟悉、快速地逃离无力感，获得生命力量感的途径。而对于组成家庭后的成年人来说，相对于两性亲密关系，亲子关系更容易成为他们获得安全感、逃离内心焦虑的最好途径。

孩子是我们生命的延续，是被寄予厚望的我们的遗憾的修复者，他们让我们没能实现的目标有了实现的可能。人们会发现，在亲子关系中总是能够感受到很多的生命力量；并且孩子从胎儿到降生后真正独立成人，有将近20年的时间是需要依赖父母的，这种不对等的关系会诱发一部分人为人父母的贪婪——从孩子的人生中攫取生命力量。

这也是本章案例中那位妈妈虽然拥有很好的自身条件、很好的事业和社会关系，但还是侵占女儿力量感的深层次原因。

为什么禁忌会成为孩子的灾难

在家庭中，孩子容易成为受伤者的情况还有一种比较常见，但并不会被很多人觉察，那就是孩子容易被家庭中成年人的禁忌所伤害。

禁忌一词最初是在《圣经》故事中出现，上帝给亚当、夏娃建造了伊甸园，那里所有美好的东西亚当和夏娃都可以毫无顾忌地享用，唯有智慧树上的苹果是上帝禁止他们食用的。偌大的一个园子里有那么多快乐的事情，对夏娃的吸引力都不如上帝定下的这唯一的禁忌。于是在蛇的怂恿下，夏娃突破了禁忌，品尝了伊甸园里的苹果。

禁忌对人是有巨大吸引力的。促使人们挑战禁忌，突破禁忌的既有对不确定事物的恐惧的驱使，也有相信自己是幸运的、无所不能的自恋，当然还有天生的好奇心。

然而一个家庭如果有禁忌，那对孩子来说就是灾难。

禁止意味着我们原本能够拥有——只是被迫不能拥有。

就像墨菲定律所说，如果事情有变坏的可能性，不论这种可能性有多小，它总会发生。

人们越想绕开灾难，灾难就越容易更快地发生。比如你拿着一摞盘子，要把它们放到桌子上，如果没有人提醒，那你有很大概率能顺利放好这摞盘子。但如果这时有一个人一直在提醒你“拿好，千万不要打碎盘子”，那就大幅度增加了你摔碎盘子的可能性，如果那个人再善意地告诉你“这盘子是很值钱的古董，千万不要打碎”，那你摔碎盘子的可能性就更大了。

说个你更能体会的例子。当你骑车或者开车的时候，如果有人特意提醒你不能轧到前面马路上的几个井盖，往往你会一个不落地全部轧中。

在我咨询的个案中，有一个家庭，性是绝对的禁忌。这个家庭的所有成员穿着打扮都是中性的，谈论的话题、看的书都是中性或者无性特质的。这个家庭不是拒绝男性或者女性，他们拒绝的是性本身。所以，在这个家庭中，一切会让人产生喜怒哀乐情绪的内容都是被禁止的。性的禁止和成年人对“性是肮脏的、不洁净、不忠诚的”定义是有关联的，一个拒绝性的家庭，外在呈现出来的样子就是超级整洁、讲规则、过于“有教养”（让人感觉不舒服，感觉到疏离，甚至是被拒绝）。

向我咨询的这个家庭会有这个禁忌，是因为父母第一个孩子出生后不久因为意外而死亡，而灾难发生当天，父母刚好有过性生活。出于恐惧和自责，这两件原本没有关联的事情被无比悲伤的父母联系到一起，以至于在他们家任何和性有关的东西都不能出现。

他们后来又有了孩子，14岁时被诊断为强迫症，有严重的强迫洗涤症状。

在心理学中，性既是指性本身，又泛指一切会让人冲动、快乐、亢奋、愤怒、悲伤的真实情感、情绪体验。很多父母或者因为生活不幸，或者因为自身问题，导致情感、情绪的自我压抑，外在表现就是对待自己和家人过于严格，甚至显得严苛。试图通过制定烦琐的规则来稀释真实情感对人内心的冲击，从而压抑自身体验。

比较常见的是用规则替代情感，用节制回避情绪起伏，用整洁来消除被入侵的恐惧（有洁癖的人的心理动力之一。他害怕的不是脏，而是脏东西不邀而至，自己有被侵入的恐惧），从而让自己内在获得更好的安全感。

孩子作为一个自由的生命，他要享受力量带来的快乐感受，要享受凭借自己的能力建立诸多关系带来的快乐，要体验这个世界所有愉快的、悲伤的事情。这种酣畅淋漓、自由享受的感受就类似于性带给人的美妙感觉。但是对于一个性成为禁忌的家庭来说，这些都是不被允许的，是被禁止的。孩子的天性与家庭的禁忌之间形成了强烈的冲突，而孩子出于对父母的信任、依赖和客观生存的需要，就成了家庭里这种强烈冲突的牺牲品。

为什么受伤的总是孩子

家庭禁忌会带给孩子伤害，而通常设立这些禁忌的成年人，也是在这样的禁忌家庭中生活，那为什么父母没有心理问题、心理疾病，反而是孩子生病了呢？

原因也很简单。第一，成年人知道或者内在潜意识里知道自己禁忌的东西是什么，以及为何它需要被禁忌；即便他们不知道，至少他们主动选择了哪些会被设定为禁忌，是需要回避的。而他们的孩子并不知道这些，孩子不是因为在这些禁忌事物上受过伤害而主动选择绕行，而是因为父母恐惧回避，自己也不得不同仇敌忾地去恐惧和回避，以完成对父母恐惧的安抚。

禁忌的影响，往往不是通过父母对孩子和颜悦色的说服引导，而是通过孩子触碰了禁忌引发父母焦虑之后，被严厉惩罚而得到教训来强化的。没有切肤之痛，教训是不容易被记住的，所以孩子就会一而再再而三地触发禁忌，来完成对自己能够做什么的权利争夺。最终，孩子在一次次被打压之后，内在自我认识、自我评价、自我能力的评估会因为这些惩罚、教训而被不断地消耗，以至于在现实生活中，当需要用力量、勇气、冒险精神来完成挑战时，孩子的这些品质已经被消耗殆尽，从而无力面对现实挑战，最终出现心理问题或者行为问题。

孩子之所以会成为家庭症状的承受者，源于生命最初的弱小，源于孩子对父母的依恋和信任，源于孩子对父母本能的忠诚。然而，对自己内在匮乏没有觉察的父母，在对待孩子的态度和表达方式上，渗入了自己的恐惧和对自己内心恐惧的逃离回避，而孩子只能被动接受父母的教养方式。久而久之，孩子的身体虽然长大成人，但内在依然是一个无法离开父母的孩子，依然会认同父母传递给自己的无力感。最终，孩子会成为家庭里成年人隐性症状的表达者。

禁忌与心理疾病

孩子被家庭禁忌伤害的案例在咨询工作中屡见不鲜。除了以上提到的这些比较形而上的问题带来的禁忌，还有很多现实的禁忌会成为孩子心理疾病的来源。

比如家庭成员之间的矛盾会成为禁忌，父母婚姻破裂，而一方家长禁止孩子提起另一方家长，有的家长甚至要求孩子和自己共同仇视另一个家长，于是孩子对那个家长的爱就成了禁忌。另外，婆媳矛盾中，第三代更爱谁，是不是讨厌谁，也会成为孩子天然情感的禁忌，婆媳双方都会争夺孩子的爱，而孩子对另一方的情感就成了孩子的禁忌。

再比如现实生活中，有的家庭有严重的精神病史，很多家族成员患有不同程度的精神病、心理疾病，而家长因此备受煎熬，于是对因为精神病走失的家人，大家都不约而同地不再提起；一个家庭里父母某一方有精神病，经长期治疗终于好转后，孩子又出现心理问题，却因为这个家庭不能承受再有一个病人，大家拒绝承认孩子的病情，不管多么严重都不去就医等等。这些因为病耻感而让孩子耽误了心理干预的最佳时机，导致心理问题上升到心理疾病，甚至上升到精神疾病的个案也并不在少数。

病耻感也是人们比较普遍的一种心理状态。人们会由于缺乏对某种疾病的科学认识而把它妖魔化。我很清楚地记得小时候我家亲戚聊天的时候说“×家的人患癌症了，我家没做缺德事，我家可不会有人得癌症”这样无知的话。好像某种疾病不是单纯的疾病，而是一种灾难的符号，或者是一种诅咒、一种惩罚。但我们都知道这种说法除了显示出说话者的浅薄、无知之外，什么意义也没有。

一些当下无法解释且尚无合理有效治疗方法的疾病，就更容易放大人们对死亡的恐惧，人们也更容易把对生命无力感的恐惧附加在对这些疾病的妖魔化的描述和认知当中去。从前诸如麻风病、黑死病、肺结核、癌症、瘟疫、精神病等疾病都属于被黑化的疾病。也都容易让人有病耻感，不愿意去面对。

有些禁忌是家长人格层面缺损导致的，有些禁忌是现实家庭生活导致的，不论家庭禁忌的存在是合理的还是不合理的，是可以解释的还是无法解释的，在这个成年人越来越焦虑、越来越恐惧的时代，孩子越来越普遍地成为家庭禁忌的受害者。成年人自以为逃避了焦虑带来的恐惧，但实际上他们只是把恐惧转移到孩子的生命当中去了，而这种恐惧则会以更加可怕的样态出现。

因此，我们不断地呼吁，希望大家能够意识到：如果大人活在焦虑中，是无法真正地看见孩子的。而一个不被看见的生命，无论其能力如何，他都是有缺损的、不健康的。

沉浸在焦虑中的父母，只能在孩子身上看见自己的恐惧

人们往往不满足自己仅作为生物的存在，人与人之间的情感互动是人们了解自己、定义自己的源头。而妈妈、爸爸、其他家庭成员是这个源头的组成部分。

沉浸在恐惧中的成年人，是没有力量看见孩子的存在的，即便是看见，更多的也是看见自己希望看见的、能够阻挡自己内心恐惧的那部分孩子的价值。这时候，孩子对

自己的认知就会是片面的、碎片化的。

一位来访者来到我的咨询室。

我说："通过你的描述，你是一名警察，生活中有责任、有担当，在破案过程中因为英勇的行为而立功，但你似乎很坚定地认为自己是一个胆怯的懦夫。这个矛盾很有意思。"

来访者说："那些（责任、立功）都是假象，都是为了不让别人看出我是一个胆小鬼。"

我问他："'胆小鬼'这个特质是你自己发现的，还是别的什么人告诉你的？"

来访者沉默很久，说："我爸爸是一名军人，打过仗的那种。我小的时候，他在部队上，很少回家，我印象当中，每次他回家都会因为看见我哭、黏着我妈、不敢和他大声说话，就对我或打或骂。小时候我印象最深的一句话就是我爸说的：'老子怎么养出你这么个熊蛋！'"

我说："听起来感觉你爸爸很勇猛、很强大。"

来访者说："他不喝酒的时候就是英雄，喝多了之后就是尿蛋，除了哭就是哭，谁离他近了，他都吓得要死。”

我问他：“你的意思是他喝醉酒之后就现原形了？”

来访者说：“我爸去世前那一年有一次和我聊天，说他小时候爸爸去世得早，妈妈带着他和妹妹，他们总是被村子里的人欺负，他以前被小伙伴打了之后总是哭，后来我奶奶对他说：‘不许哭，多害怕也不能让别人看出来你害怕，否则别人知道了你㞞，就会更欺负你。’但我知道他其实是害怕的。”

我问他：“你是怎么发现他的内心是恐惧的？”

来访者说：“他喝多了之后就像一个被吓坏了的小孩，眼神儿都变了，像个受惊的兔子。但是他酒醒之后就什么都不记得了。”

我说：“所以你是说你爸爸不敢看见自己的脆弱，也不允许自己有脆弱。他只允许自己是坚强勇敢的？”

来访者说：“是的。家里不论是谁，只要表现出丝毫的脆弱，都会惹得他发脾气骂人。”

我问他：“所以你想消灭你自己身上所有和胆怯有关的蛛丝马迹，以此来安抚你爸爸的恐惧，是吗？”

来访者流着泪说：“我总是觉得自己做得还不够好，虽然别人看不出来我有胆怯，但我自己知道我心里是有过害怕的。我不想让我爸对我失望。但我努力了30年，依然是个失败者。”

父母深陷于自己的恐惧、焦虑当中时，就很害怕自己或身边的人表现出自己害怕的东西，从而对这些东西格外地敏感，要求自己一定要及时发现、及时消灭。

孩子的本能中就有对成为父母的骄傲的渴望，这和孩子自己存在的安全感有关，也和孩子与父母的爱的联结有关，所以父母对自己所恐惧的东西的捕捉就会让孩子内心渴望得到父母欣赏，若令父母感到荣耀的自我价值感得不到满足，孩子也会因此而产生强烈的不安全感和无价值感。为了回避这样的挫败感，孩子就会盯着自己的“错误”修正，并且认为这个“错误”是自己最真实的本质，从而忽略自己人格中其他有力量、有价值的部分。当孩子在成长中，父母一次又一次地指出他们的“错误”，孩子就会强化这部分错误的自我认知。久而久之，孩子反而认同真正的自己就是父母所“焦虑、恐惧”的那个样子，甚至这种错误的、片面的认知还会被孩子诠释为是自己的全部。

当然，孩子对自己“错误”不断修正的行为也饱含了他们对父母的焦虑进行安慰的渴望，孩子希望用自己的美好来疗愈父母的焦虑。但父母的恐惧、焦虑并不是因为孩子的某些特质而产生的，所以，即便孩子再怎么努力，也只是对父母暂时的安慰，不会真正消除父母内心的恐惧和焦虑。

相反，孩子在被父母的焦虑“塑造”的过程中，很多自己与生俱来的智慧反而会被逐渐消磨掉。

我去一些幼儿园早教系统机构给老师、家长开讲座的时候，经常有人忧心忡忡地问我，他们的孩子才三五岁，居然莫名其妙地害怕生重病死掉，但是他们家里没有人去世，也没有人生重病，更没人教他们这些东西，孩子怎么就会有这些莫名其妙的想法呢？而且，那种担心还不是装出来的，是真实的。

从前文提及的时间意识和人们与生俱来的内在智慧可知，人可以不用刻意学习，只是通过自我感受就能在潜意识中感知到过去的宏大和未来的不确定，并且隐约洞悉自己生命的有限和命运的无常。

这绝不是危言耸听。所有生命形式在最初的时候都是非常脆弱的，面临死亡危险的概率也是很高的。即便作为人类，我们能够有意识地给予婴儿很好的照顾和保护，但是婴儿唯一的语言是哭泣，再怎么疼爱孩子的父母也不能确保第一时间弄懂、满足婴儿的真实需要。所以婴儿要自己克服从胎儿时脐带供给的便利到自己独立进食的不安全感——接受食物不一定在自己感受到饥饿的瞬间就能够及时获得这个现实；要慢慢学会接受自己最重要的依恋对象（通常是妈妈）并不总是以自己喜欢、需要的状态出现或者消失；要慢慢学会用身体语言与父母进行交流互动，调动父母的行为和情绪，以此来获得自我需要的满足。生活中有些孩子需要大人抱着晃动、唱歌才肯入睡，有些则需要千般哄才肯吃奶，给我们的感觉就好像孩子“驯化”了大人，成年人以为是自己在照顾婴儿，但在婴儿的世界里，想来会有完全不一样的解读。

有一种说法提到，生命在最初几年的原始智慧水平是最高的，后来随着人们年龄的增长，不断地社会化，大部分的智慧会被规则、文化、情感所削减。人们只能再通过学习和不断地经历挫折挑战来完成对最初原始智慧的找寻，直到生命的终结。

这也就意味着，婴儿在开始社会学习之前，生存的本能就会促使他启动和发展原始而完整的智慧体系，深刻地认识到自己生命的脆弱。一个三五岁的孩子会问出有关重疾、死亡的问题，并不是通过学习获得的，那是在生命本能的驱动下，内在智慧的自然流淌。

人的自恋性

人的本性是自恋的，认为自己有权利获得更多美好的体验，更多幸运的眷顾，因此人们对自己拥有的资源、自己的状态很难持续地感到满足。

随着成长，我们会越来越多地发现这种自恋其实更多的是一种一厢情愿的幻觉，我们曾经以为可以通过努力获得的那些外在拥有，并不能安抚内心的不安与匮乏；我们曾经以为可以掌控的，其实最后都在掌控着我们。就算我们的生命没有附加任何下坠的、破坏性的、创伤性的外力，我们仍需要和与生俱来的自恋的本能抗争，需要面对生命终将走向死亡的事实，需要面对大多数人的人生其实是平庸无意义的现实，需要面对内在孤独感。

焦虑是人本来就存在的一种状态，它就像是生命的底色，贯穿于我们生命的整个旅程。它的表达方式在体验层面就是紧张、忐忑、恐惧、敏感、警觉，在现实层面就是学习、创造、积蓄财富、保持健康、拓展关系等。

我在这本书里写的所有恐惧，如果没有特殊标注，都是指焦虑带来的人内在的没有指向性的一种感受。这种焦虑带来的恐惧和我们常说的恐惧（害怕）是完全不一样的。我们常说的恐惧是有明确对象的，是具体的，而焦虑的恐惧是弥散的，是没有特定对象的。

一个人的抑郁、焦虑的浓度如果达到上限，身体会生病，心理也会生病，甚至会因为痛苦不堪而选择结束自己的生命。

现实自我与理想自我

人们要想顺利安全地完成生命的旅程，正确的自我认识是非常重要的，这一点甚至决定了个体生命的质量——你是谁，决定了你将会看到、感受到什么样的世界。

一位28岁的女性来访者，在出版社做编辑。她来咨询的主要问题是她越来越无法控制地关注别人对她的态度，觉得同事表面上看起来对她很友好客气，但其实都不喜欢她。有时候她甚至觉得同事会在背后议论她，因为只要她一走近聚集在一起的同事，大家就会散开。她觉得自己很笨、很无能、不被人喜欢，糟糕透了。以前这样的感受她也有，但最近半年多她越来越受影响：一是恐惧和别人交往，看到同事就远远躲开，或者假装在接电话来避免接触；再有就是如果看到同事们聊天，她会很冒失地参与进去，说一些和同事原本聊天内容无关的话语，大家都很尴尬，一头雾水。

我们或多或少都会关注别人对自己的评价和看法，大多数情况下也能理解别人对自己的想法。比如被人评价抠门，我们会劝慰自己，说这话的人一直生活水平高，没吃过苦，认为我抠门也有他们的道理。或者我们会劝诫自己停止关注别人的评价，或者想一些方法、策略来改变别人对自己的印象，我们总是期待身边人对自己的评价和自我期待是一致的。比如有人希望别人认为自己是一个热心集体生活的人，而当同事朋友并不这样认为的时候，他会用更加主动地参与集体活动来证明这一点。

我们相信自己，即便有一些不符合我们自我期待形象的声音出现，我们也通常会因为自信而缓解心理上的不舒适感，用笃定的自我评价来平复不同声音对自己情绪所造成的影响。

说白了，就是当你觉得自己很不错时，即便别人说你不好，你也不会认同，甚至有“道不同不相为谋”的判定。你会将注意力放在那些认同你的人身上，久而久之，你的世界就是一个和谐的、志趣相投的、相互认同的关系世界。

但是，当你觉得自己很糟糕时，你就会特别关注不喜欢你的人的言论，会认同他们对你的评价，从而产生自我怀疑；反而对那些说你好的人，你会觉得人家不过是在客气。并且你还会根据那些批评的声音来不断调整自己在别人眼中的样子。久而久之，你会发现你的世界就是一个阴暗紧张的、充满矛盾的、恐惧愤怒的世界。

还有一种情况是人们自我感觉良好，但所找的对象、交往的朋友、吃穿用度等都和预期相去甚远，他们完全有实力缩小这些差距，但总是会找各种理由来合理化这些差距。这种情况也能反映人们内在的自我评价和定位与理想的自我存在差异。

人的自恋特性，决定了我们希望自己做的事情是有效的，所以当别人的评价在你这里产生效果的时候，就会成为对他人行为的鼓励，别人接收到这个鼓励，就会变本加厉地评价你。

我很喜欢后现代存在主义，会对想要和我交往的人说：我就是你现在看到的样子，这是我最好的样子，至于你觉得好或者不好，那不是我需要关心的事情。你喜欢就在我身边待着，不喜欢、看不惯就走开。我不会为了别人喜欢或不喜欢而改变自己。因为我相信我是善良的、积极的、正直的、有瑕疵的，我相信在我内心的引领下，我会成为更加真实的自己。不论这个过程会经历什么，会有多少挑战、挫折、孤独，我都认为那是美好的。

父母的焦虑导致孩子自我认知的扭曲

那位来咨询的女孩对于他人评价的重视程度之深，他人评价对她的影响之大，都显示出她在人际关系中是自我否定的状态。

在咨询的过程中，有一个细节引发了我的关注，这个女孩坐在我对面的沙发上，只坐在非常边缘的一点位置上，以至于我看着她浑身绷着劲儿保持平衡的样子都累得慌。

我问她："这样坐着不累吗？"

她说："习惯了。"

我问："这是什么习惯？"

她说："这个习惯源于我妈妈，我对妈妈有无限的感激，妈妈为了我做了太多别人的妈妈做不到的事情。我快要上小学的时候，爸妈离婚了，我跟着妈妈生活。因为我从小体弱多病，所以妈妈永远会把家里收拾得一尘不染。我们家的地砖可以当镜子照。床单、被罩、沙发套两天就要一洗一换，所以我在哪里坐都怕弄脏了，慢慢地就养成了坐哪里都是坐一个小边边的习惯。

"我家虽然不大，但绝对是我见过的最卫生的环境，甚至比我生孩子的那家医院的产房看起来都要干净。妈妈不仅在卫生上非常注意，在我的衣食住行上，也非常仔细小心。从我上学到参加工作，我一口剩菜没吃过，读大学时都是妈妈在学校边上租房子给我做饭吃。我去哪儿都是妈妈陪伴、安排照顾。妈妈对我的爱，细致到她从来没有让我正着穿过内衣、秋衣秋裤。"

这令我十分惊骇和茫然，女孩解释说："妈妈说我太容易生病、太娇弱，衣服裤子里面牵边儿的线头，以及类似于肩膀和袖子对接缝在一起的线棱子，如果正常穿就会直接接触皮肤，所以妈妈让我内衣、秋衣秋裤都反着穿。”

我问她：“那是什么感受？”

她说：“我很感激妈妈，觉得自己总生病给妈妈添了太多的麻烦，摊上我这样的孩子，妈妈真是太不容易了。”

我说：“感觉你在你妈妈眼里、心里像是纸糊的一样，不堪一击。这和我现在看到的身高一米七、肤色红润健康的你还真对应不上。”

女孩告诉我：“结婚了离开妈妈之后，我的身体就逐渐好起来了，尤其有了孩子以后，我几乎没有生过病。”

我问她：“你有没有想过，不是因为你经常生病，所以妈妈很精心地把家里的卫生搞成ICU（重症监护室）标准，而是因为妈妈把家里弄成无菌病房一样，你要是不生点儿病都对不起她，所以才总是生病？”

女孩沉默了很久之后哭了：“我以前就和丈夫说

过，感觉我的童年像是在重症监护室里度过的，既没有外面的世界，也没有小伙伴。以至于我一直认为自己就是妈妈说的那样，身体不好，和别人相处的能力太差。现在还有一件事是我无法原谅自己的，那就是这两年我断绝了和妈妈的所有联系。因为她事无巨细地爱护、帮助和出主意，让我和丈夫孩子之间矛盾不断，让我们感到窒息。我不得不在丈夫孩子和妈妈中间选一边。”

选择，意味着放弃。她选择了丈夫和孩子。刚开始她觉得很自由，但现在她越来越觉得自己有问题——忘恩负义，不忠不孝，大逆不道。

我问她：“小时候你的身体真的那么弱不禁风吗？”

她说：“其实小的时候还好，但是上小学之后就越来越容易生病。”

之所以会选择这个案例和大家分享，是因为这个案例很极致地呈现了焦虑当中的妈妈完全沉浸在自己的焦虑中，不仅看不见孩子真实的样子，还用这种符合妈妈焦虑需求的方式对待孩子，最终让孩子对于自己的认识扭曲。

“好妈妈”的伤害

事情发展到极致的时候，更容易看出问题来。在孩子上小学之前，妈妈离婚，一个婚姻上有挫败感的妈妈想要弥补内心的缺憾，只能在其他角色上获得更大的价值体现。每个人都有很多角色，比如女人的角色有：女儿、妻子、母亲、职场人士等。能够迅速弥补内在价值感缺失的，一定是人们扮演时间最长的角色。女性在原生家庭做女儿的角色时间太短，长大后成为社会工作者的角色，对能力和经验积累要求比较高，不太容易做好，剩下的就只有作为母亲的角色，时间最久，也最稳定，“无证上岗”也没人会苛责。于是相应地，孩子就成了母亲弥补内在价值感的对象。

很显然，案例中那位女孩的妈妈就认为一位好妈妈是任劳任怨、无微不至、勇于牺牲奉献的，能给女儿提供一个没有伤害的成长环境。

人可以没有创伤、挫折地生活成长吗？

绝无可能。如果有，那这个人将会是世界上最悲哀的人。

有的父母会因为疏忽让孩子受一些罪，有的会因为情绪化、脾气暴躁让孩子受到惊吓，有的会因为焦虑和恐惧去做很多未雨绸缪的事情，反而削弱了孩子自身的力量感。所谓完美的“超级父母”是不存在的，老虎也有打盹儿的时候，孩子也不是在真空无菌环境里成长，给予孩子精心和无微不至的照顾固然是尽职尽责的父母的美好祈愿，但是孩子的生命成长中有很多重要的品质恰好必须在挫折中习得，如果一味追求完美和“真空无菌”，反而会让孩子丧失接受挫折教育的机会，从孩子长远的一生来看，这可是非常重大的损失。

就像贯穿生命的焦虑是无法回避的，成长中的挫折也是无法回避的，但是这两个我们单独看都无法回避的事物，放在一起，就会对生命产生非常奇妙的功效。

自我建构——我是谁，决定了我看到的是什么

在动物世界里，我们会看见许多攻击行为，那些攻击是为了争夺食物、领地、安全。人类也会有攻击行为，在

众多人类攻击行为的动机当中，有一种是大部分动物所没有的，那就是爱的反向形成——以恨、敌对的方式来表达对爱的渴望。

在咨询当中，很多来访者没有获得自己渴望的父母的爱，或者父母的爱有缺失甚至是伤害了他们，于是来访者用矛盾冲突的方式纠缠于亲密关系当中。

在这种关系模式里，父母或是因为自己有局限性而不能以孩子渴望的方式去爱护他们，或是因为自身的恐惧而不敢面对自己给孩子造成的痛苦。那么这种矛盾纠缠的关系，是不能直接消除来访者的痛苦的。但是我们会发现一个普遍的现象：亲密关系中的双方，痛苦且彼此纠缠在一起，不离不弃。

在我的团体工作坊中，一位女组员的先生很反对妻子参加心理学活动，他表达反对的方式就是不做家务，不去上班，发脾气，骂人，动员家庭其他成员给妻子开批判大会，等等。这位女组员从妻子的角度能理解丈夫，认为他对自己的恶劣态度是源于心疼钱、不理解她、不愿意她有自己的快乐、要对她强势控制等。但在我的理解中，除了看到妻子的这些感受之外，我还感觉到那位丈夫有面对矛盾时不知所措的恐惧，也有担心妻子如果更有力量会离开自己的恐惧。因为丈夫在情感表达方面有很大的局限性，所以对妻子的情感只能用纠缠、矛盾、怨恨的方式表达出来。

如果妻子看不到丈夫这种矛盾冲突背后的情感动机，那丈夫这部分情感就不会得到妻子的关注和安慰，那么夫妻间的矛盾就很难消除。

这样的“不离不弃”，从心理动力学角度来看，是情感的一种特殊的表达方式——不是不爱，而是不能给到你想要的爱的样子。纠缠的一方想要告诉对方，这种方式是我可以做到的最大能力的爱的表达，是我认为最好或者最恰当的爱；纠缠的另一方想告诉对方，“我很想好好爱你，但我走不出我的痛苦”。这种“纠缠”的关系存在其实就是无意识当中彼此不放弃的情感配合，是人类很复杂的一种爱的表达方式。

我们通过不得不体验的挫折，感受到自己身体的力量、大脑的智慧、内心的勇气，从而让我们在“焦虑”这块画布上添染上一抹亮色。我们通过创伤带给自己的悲伤，感受“关系”这种特殊的人类联结方式，来驱除自己内在由焦虑所带来的虚无孤独感。恰恰是焦虑的存在，让我们原本脆弱无力的生命变得有力量，让我们孤独的心灵不再孤单，让我们无意义的人生变得真实温暖。人们之所以不认为这种“纠缠”、焦虑矛盾的情感冲突是一种很复杂的情感关系的存在方式，是因为人们对爱有一种普遍认同的理想化，认为爱只能是——也只应该是温暖的、包容的、浪漫的，但其实，人性有多复杂，爱就有多复杂，有多少个家庭就有多少种爱的方式。

但不是所有人都能够这么幸运地达到挫折与焦虑的平衡。关键在于是否能认清“我是谁”。这个问题在前面的章节里提到过。想要完成对自我的疗愈，这个看起来没有答案的终极哲学问题就是我们必须面对和思考的问题。

“我”由两部分组成，一部分是我们内在智慧带来的自我成长力量，它让我们感受自己，帮助我们完成生命最初与这个世界的联结。另外一部分就是“关系”带给我们的对于自己的认识。

我是谁，决定了我看到的是什么。

婴幼儿时期，人的全部关系也不过就是家里有限的几个人。出于生存的本能，孩子会选择信任、依赖照顾自己的人，以保证安然成长。谁让孩子产生依恋，谁就对孩子产生的影响更大。这就是为什么心理学（尤其是精神分析流派）总是会着重关注一个人幼年、童年的经历。

通常孩子依恋的对象是父母，父母就像孩子照见自己的镜子，孩子从镜子中有可能看到真实的自己，也有可能是扭曲的自己——毕竟哈哈镜也是镜子的一种。

在前面那个比较极端的案例当中，女孩就因为妈妈的焦虑、恐惧，扭曲了自我认知，丧失了正确认识自己内在力量和现实的机会。女孩关于“我是谁”的答案就变成了“我必须配合妈妈做‘完美好妈妈’的价值需求，充当那个身体不好、总是生病、独立能力很差、和小伙伴无法好好相处的脆弱女儿”。

除了这样极端的例子，生活中也有很多人活在别人的评价当中，因为太过于关注和在意，最终导致错误的自我认知，彻底地丢失了自己。

最常见的就是内心自卑的父母，对孩子的优点、成绩和孩子对父母的体贴熟视无睹，而当孩子犯错误的时候就非常严厉、苛刻地批评。这样的孩子长大之后，要么非常懦弱不自信，活成了父母镜子中呈现的那个只会犯错的孩子；要么很出色，极力避免活成父母镜子里那个“不好”的自己，但实际上敏感紧张，像是一只随时准备战斗的刺猬。

不论活成哪种状态，看起来都是认同了父母镜子中呈现出来的被扭曲了的自己。只不过一种是直接认同，另一种是披上一件强大的铠甲，用铠甲来掩饰那个脆弱悲伤的自己。

看见内在那个被忽略的小孩

孩子因父母逃避焦虑而塑造出来的扭曲自我，其实是在替父母完成他们自己无法承受、转换、消退的焦虑的代谢，更增添了生命不能承受之重。而这种艰难和财富、地位、出身无关，只和父母内在的人格健康水平有关。但因为这个过程是隐蔽的，不良后果是逐步呈现的，而且还比较容易推卸责任，所以，它并没有被大多数人所重视。

请不要误会，我们的父母也同样承载了他们父母的焦虑，甚至是更为残酷的摧残（因为祖父母辈成长的时代比我们现在要艰苦、残酷得多），他们也同样离真实的自己很遥远，活得并不容易。我相信，大多数人的父母也都活成了他们能够做到的最好的状态——不是现实层面对孩子教育方式的最好，而仅只是他们能力范围内的最好。我这里说的重视，不是说我们要去声讨父母，而是在面对自己内在被扭曲的人格时，如何去看见没能通过父母的镜子看到的那个被忽略的小孩，要怎么建构对自己更真实的认识，怎么去和自己和解。

Chapter 3

恐惧——对生命的敬畏与渴望

为什么人们会有心理疾病？一种最简单的说法是：因为害怕，但同时人们又不允许自己害怕，二者产生的心理冲突过强，从而形成了症状。

症状是恐惧的表达，也是情感的表达

近些年随着身心医学的发展，人们越来越能理解疾病和心态、情感是有关联的。

爱是人们内在永远渴望获得的力量滋养。在我这么多年的心理咨询临床工作中，见过许多因为害怕爱的丧失、被爱抛弃而苛待自己，最终导致出现抑郁或者其他心理疾病的例子；因为不安全感带来的恐惧、焦虑，备受压抑下而产生的心理疾病甚至是精神疾病的案例，也屡见不鲜。

为什么人们会有心理疾病？一种最简单的说法是：因为害怕，但同时人们又不允许自己害怕，二者产生的心理冲突过强，从而形成了症状。

在没有从事这个职业之前，我以为心理咨询就是讲讲道理，开导开导人们郁结的情绪，让症状赶紧消失。但随着对心理学不断深入的学习、工作中的应用，我发现心理咨询不是要去处理来访者的症状，而是要读懂症状，还有从表面症状显现出来的来访者内心压抑得很深的情感或者恐惧。

用弗洛伊德非常有名的一句话来说就是：凡是压抑的，都将以其他方式更加猛烈地出现。

丛林中的羔羊，无法不恐惧

对于一只小羊来说，这个世界是否危险，不仅取决于自己是不是在父母身边，也取决于自己在食物链中所处的位置。被丢在丛林中的小羊是无法不恐惧的。

心理学的发展和社会环境有着千丝万缕的关联。

社会迁移所带来的“留守儿童”群体，如今逐渐开始显现出父母所预料不到的问题，就算他们的父母愿意用当初忍痛分离、出走远方所赚的大部分血汗钱挽救和补偿，也于事无补。

越来越多的声音开始呼唤父母回归家庭，如果说曾经的“留守儿童”是时代发展和人们摆脱贫困的代价，那么时至今日，仍有很多父母在以这样或那样的理由放逐孩子，制造分离之痛，只不过他们的选择从消除贫困变成实现自我价值、为孩子创造更好的教育环境、为社会做贡献等看起来更合理的理由。

但是保障一个生命成长的营养到底是什么？是不是只要不断地给予物质的满足就能够补偿孩子成长中缺失了的情感陪伴、情感保护？所谓的给予孩子更好的教育环境，代价就必须是剥夺对孩子幼小生命的爱的守护吗？

物质上我们已经不穷了，但在“流放”中长大的孩子依然比比皆是，等到他们进入青春期、青年期，等到他们走上社会，在学业、恋爱、工作中暴露出各种问题的时候，他们却又被父母指责为不够努力、不上进，和父母形成对抗、僵持、拧巴的关系，最终以心理疾病的症状凸显出来。这真的是我们能够找到的最好的家庭之间爱的模式、社会发展模式吗？

在十年前我刚刚开始参与媒体做节目的时候，在一些讨论青少年犯罪、留守儿童话题的节目中，我非常坚定地批判一门心思想着在外赚钱，任由孩子在乡间自由（孤单）成长的父母。但是十年后，当我做了三千多个家庭的深度采访的节目之后，我不再批判。

一只羔羊在丛林中是无法不恐惧的，除非它伪装成豺狼。

我看到十八九岁、已经“四进宫”的少年惯犯在记者和摄像机面前，毫无愧疚地谈论那个还躺在医院里，被他打瞎一只眼睛、打断3根肋骨的“敌人”，起因只不过是那人推门的时候，门碰到了他。

我看着手上的现场照片：蜷缩在地上的伤者，四处飞溅开来的如印象派绘画一般的血渍，强烈的视觉冲击下，仿佛自己也深深体会到那位可怜伤者的恐惧和疼痛。这样强烈的感觉还是很多年前我读安东尼·伯吉斯的小说《发条橙》时才出现过。那篇小说的前一部分用了很大的篇幅来讲述几个少年残暴的犯罪过程和他们的心理活动。毫不夸张地说，那本书我是强忍着恐惧和不舒服的感觉看完的。

眼前这个少年将我读那本书时所感受到的恐惧、疼痛、孤独和悲伤全部唤醒，他是怎么变成这样残酷血腥、冷漠得像是冬天北山坡树根下的一块石头的？

我和少年的话题是从讨论恐惧和疼痛开始的。

少年说："我出生在贵州的一座大山中。那座山很美，有数不清品种的树和花草，有许多不同颜色和声音的鸟儿。我最喜欢山上的雾，那雾像是大山呼出来的一缕仙气，缓缓地罩在每一株草的尖尖上，每一棵树的枝丫间，当所有的树木花草都被这缕仙气覆盖之后，整座山就像是穿上了一件白纱做的衣服，说不出的感觉，看着眼泪都会流出来。因为那纱影重重的样子，特别像我记忆中妈妈头上戴着的那条纱巾，只不过，大山的纱巾是白色的，妈妈的纱巾是红色的。"

少年不确定记忆里那个戴纱巾的女人形象是不是他妈妈，因为他从有记忆开始一直到13岁，其实都没有见过爸爸妈妈。他们山里比较穷，外出打工的人家里都盖了楼房，爸妈也去外省打工了。少年和爷爷奶奶生活在家乡。小时候家里的房子是土坯房，快上小学的时候，家里的房子变成了砖头的，后来没过两年家里也开始盖楼房。然而爷爷在盖楼的时候被砸死了，奶奶病倒在床上，几乎不能说话，生活也不能自理。家里的楼就像是奶奶嘴里剩下的那两三颗牙一样，晃晃悠悠、千疮百孔地矗立在那里。七八岁的男孩就成了那个家里唯一能够行走的健康人。

少年说：“爷爷奶奶是老实本分的乡下人，不怎么说话。因为家里穷，所以村子里也没有什么人和家里走动。但即便这样，我也觉得幸福，因为爷爷奶奶不论是下田还是上山都会带着我，小时候我坐在奶奶背上的背篓里，后来我跟在爷爷奶奶身后。爷爷个子很小，后背还有一个大鼓包。村里有很多小孩闲得无聊就来挑衅爷爷。爷爷奶奶脾气很好，只要小孩丢的石子土块不砸在他们身上，他们都会呵呵笑笑，然后假装生气地吓走那些孩子；但如果有土块砸到了我，把我砸哭了，爷爷就会拿起扁担追打那些孩子。

“我没读过书，上了一年多的学，学校离村子很远，奶奶瘫痪在床需要人照顾，我就不读了。我没文化，不知道什么是孤独。但是小时候爷爷刚去世的一个夜里，我听见院子里好像有声音，以为是爸爸妈妈听到消息从外地回来了，但当我光着脚跑到黑漆漆的院子里时，只看到一只叫不出名字、瘸了腿的山兽在猪圈里找东西吃。夜又黑又凉，我和那只瘸腿山兽对视了不知多久，那个东西才一瘸一拐地从猪食槽上跳下来走进了黑暗。我不死心，又跑到院门口，打开门，确定空荡荡的黑暗里除了夜风并没有半个人。关上院门的时候，我心里有一种说不出的感觉，直到现在我还记得，就好像身体里都空了，尤其是心口的地方，空荡荡的……那是不是你说的孤独？”

少年的爸爸妈妈一直没有回来，开始还有钱寄回家，后来钱也没有了。一个七八岁的男孩和一个躺在床上生病的老太太相依为命，日子一定是不好过的。

少年说：“我不知道什么是恐惧和疼痛，小时候被村里的孩子欺负的时候，觉得只要没被打死，就一定要打回去。10岁的时候村里就没人敢欺负我了，因为那次我把一直欺负我的那家人养的鸡、鸭、猪、狗全都杀了。他们都说我被山里的恶鬼上身了。有什么要紧？反正从那以后我想吃什么就去别人家‘借’，想要什么就去别人家‘拿’，也没人再敢惹我。”

后来奶奶死了，少年就跑到了县里，很“幸运”地认识了一个罩着他的大哥，后来和大哥去了城市，再后来大哥失踪了，他自己就成了大哥。

我问他：“就没有任何关于父母的消息吗？”

少年说：“当年在县城的时候，爸爸找到了我，说对不起我，做生意赔了，妈妈和别人跑了，他躲债躲了好几年，现在终于好些了，在南方安了家，还有了新老婆和孩子，想要接我过去一起住。他说想弥补这些年对我的亏欠。当年家里实在是太穷了，所以他才不得已去打工，不得已把我放在老家。刚开始赚钱少，所以他舍不得买票回家看我，总是想多攒钱，等家里的楼房盖起来了，有钱了再回来。他絮絮叨叨地说了很多，还说我现在活成一个流氓的样子让他很自责，还说如果我和他们生活在一起，他一定会把我改造好。本来我还有点想和他一起去他的新家看看，但听他说了自责、愧疚、改造、弥补这些话之后，我就彻底打消了和那个男人走的念头。”

我问：“你为什么不想和父亲去他的新家一起生活？”

少年说："能回来的时候，他没回来，想回来的时候，已经回不来了。而我，需要父母的时候，父母没在，现在我过得挺好，不需要了。"

对于任何一个弱小的生命来说，如果毫无保护地让他赤裸裸地面对丛林，那么他遵循的就只能是丛林法则：强悍、暴力、凶残是活下来最简单有效的方法。否则他会更早地出现严重问题或者死掉。但是，即便孩子通过这样的方式长大了，可每一个生命的内在智慧其实都很清楚：我们要的绝对不是黑暗、罪恶、可怕的人生，我们应该拥有更美好的东西。但更美好的东西是什么？在哪里能够找到？我有没有资格获得？我要用什么样的方式获得？

这些答案，孩子都没能从成长中、从爱的关系中学到，而唯一学到的简单粗暴的方式也让他们无法获得真正温暖内心的、有力量的情感体验，于是内在空虚感就会出现，不自信、自我否定就会出现。这样就很容易跌入抑郁的深渊，或者在物质成瘾的依赖中宣泄自己曾经被"流放"的愤怒和悲伤。这些早期内心压抑的痛苦悲伤、愤怒恐惧，会通过现实生活中一些在象征层面上有很多相似性的东西表达出来。上面提到的这位少年，他是用犯罪来进行自我破坏，其实是在和父母表达被抛弃的愤怒。

孩子出现症状是结果，不是原因

“我从幼儿园开始寄宿，一直到大学毕业。”

女孩一开口就让我感到骇然。

“我今年已经32岁了，但是看到我的人都认为我只有十七八岁。的确我很显小，或许和我个子小有关系吧。我3岁的时候就被父母送到了市里的艺术幼儿园寄宿，在我们当地，我上的那个幼儿园是很多家长和孩子的向往。但那不是我的向往。我就想和父母生活在一起，放学父母来接我回家，周末父母带我去公园。

“我家是农村的，我爸家里穷，高中没上完就出来工作了；我妈家里还好，她当年一门心思考大学，第一年差5分，第二年差20多分，第三年倒是收到了录取通知书，但是要交很多钱。我妈也就不读了，后来和我爸结婚有了我。

“我经常听我妈说的一句话就是‘咱家没有大学生，我又生了个女儿，让人瞧不起，我和你爸赚钱，拼死也要把最好的教育条件都给你预备齐了，等你大学毕业那天，就不信咱家不能扬眉吐气’。

“所以我3岁就被送去了市区最好的幼儿园，因为离家远、学费高，所以父母只能让我寄宿。我小时候学跳舞获了很多奖，原本已经被一所很好的小学破格录取，但是我妈说，‘孟母三迁就是为了孩子能够有最好的成长环境，我也要给你最好的’。于是她花钱让我进了最昂贵的一所私立学校。当然，还是住校。

“其实现在想想，我妈这个说法挺好笑的，孟母三迁，人家是和孩子在一起，我从记事起就是一个人，这能一样吗？

“记得刚在幼儿园住校的时候我每天都哭，扒着幼儿园的大铁门哭着不撒手，特别希望父母把我接回去。但是有一次我妈被老师请来，她劈头盖脸骂我尿蛋，骂我不懂事，骂我不体贴父母一番苦心。虽然那时候我才3岁多一点，但我妈那次的话我都记得很清楚，包括她边说边哽咽的声调。后来我就不敢再哭着要回家了，我知道哭也没用。后来上小学寄宿，我也习惯了。

“寒暑假我也基本是在学校过，因为妈妈给我报了很多补习班，都是在市区上课，所以，索性也不回老家了。不过也无所谓，反正回家也没有人，父母都出去打工了。

“我妈把我送进传说中的贵族学校。我发现我和同学简直就是两个世界的人。他们吃的、用的、穿的，我只在杂志、电视里见过。

“中学生已经不那么单纯了，同学之间什么都比，比父母，比住房，比吃穿，比长相，我除了成绩，其他的和同学们什么也比不了。

“在我眼里他们都是那么光鲜亮丽，我觉得自己就像一条丑陋的虫子。甚至他们看我的眼神都能杀死我。

“有一次考试成绩出来，我考了倒数第五。我永远忘不了那天我妈来开家长会的情景。开完家长会，她在我们学校操场，对我歇斯底里一通大骂。她边哭边骂我，还一边抽自己，脸都被抽肿了。开始我觉得很羞耻，后来我被她吓坏了，很多同学围着我们看热闹，整个操场只有我妈哭骂和抽打自己的声音，后来还是班主任把我妈劝走了。

“从那之后，一直到大学毕业，我的成绩就没下过年级前十。其实我根本不知道我学了什么，我只是害怕我妈又来那么一出，我就真活不成了。但你知道吗？经过那次事情之后，我在我们学校成了一个可怜虫，一个笑话。虽然我成绩很优秀，但是没人搭理我。

“我和父母说我很孤独，很害怕。他们只会劝我说把心思放在学习上，就没时间想别的了。我按照他们的话做了。果然，我不想了。大学毕业的时候，明明能很轻松地保研，我放弃了；也能很轻松地考研究生，我也放弃了。我拿了最好的大学的毕业证后交给我妈，告诉她可以拿着这个去扬眉吐气了。然后我就再也没在白天出过家门。

“不是我不想工作，是我做不到。我只要一出门，就觉得全世界的人都在笑话我，我做任何事情都很害怕失败，害怕我妈抽自己，这种害怕别人根本不能理解。我从3岁到24岁，将近21年没有和父母一起在家生活过，现在我大学毕业了，反而天天和他们在一起，想想也真是荒诞。”

这个女孩被孤零零地放逐在她的母亲“要争口气，要扬眉吐气”的梦想中，她自己在想什么，需要什么，有什么独特性，都没有被母亲关注到，从某种意义上来说，她好像不是一个属于她自己的人，而是成了母亲弥补遗憾、逃离恐惧的工具。女孩并不知道被工具化了的她，在完成内心设定的拿到大学毕业证的任务后，人生还有什么方向。在成长过程中，女孩感到的是被抛弃的悲伤、不被看见的愤怒和母亲对她并没有真实的爱的流动的恐惧。

在象征的意义上，女孩毕业的同时就把自己“废掉”了——很像是从这个世界上消失，被除名，但她其实又是真实活在这个世界上的，她的人虽然存在，但是却又不存在，这说起来很荒诞，但这个荒诞的现象和女孩成长中的状态又是那么地吻合。

当女儿因为抑郁症而丧失社会功能之后，她的母亲说女儿生活的不幸是因为抑郁症而开始。但我告诉母亲，女儿的抑郁症是她成长中很多遗憾和悲伤的结果。

原因是孩子对父母的忠诚

“我爸是个外交官，我从小和他还有妈妈在各个国家生活，爸爸工作到哪里，我们就会搬到哪里。虽然爸妈在我身边，但他俩都是超级工作狂，我感觉生活中他们好像从来没有出现过。

“有些爸爸同事的孩子来国外探亲，他们特别羡慕我能和父母一起生活。但只有我知道，我是和父母生活在一个屋檐下的孤儿。记忆中好像永远是我自己在家吃饭，自己去学校，自己开学，自己毕业。国外的学校都很重视毕业典礼，但是我小学、初中的毕业典礼他们都没有出席。

“在我成长的过程中，最艰难的就是转学。一般人转学只不过是跨区，或者跨城市，我转学都是跨国。每次到一个新学校，我都和傻子一样，根本听不懂老师同学到底在说什么。国外的孩子也一样会欺负新来的同学。被嘲笑、孤立、校园暴力这些事情我经历得太多了。小时候我总是想，如果我妈妈送我来学校就好了，如果她能陪在我身边，而不是陪在爸爸身边就好了。

“每次去到一个新环境里，我像一个哑巴聋子独自摸索的时候，我都在想，妈妈这时候在做什么，她为什么不能陪我一起来学校呢？但是这么想也没用，无论我怎么和妈妈央求，她都会说我爸爸的工作很重要，她必须帮助他，让我理解他们。

“等我长大了才明白，根本不是我爸工作有多重要，而是我爸长得太帅，能力太强，追他的女人很多，我妈总是要紧紧盯着我爸她才放心。

“不过，有时候我觉得自己这样也没有什么不好的，我很独立，不依赖别人也能活得很好。但是去年谈恋爱之后，我觉得自己有些不对劲。

“我女朋友特别优秀，和我同一个大学毕业，现在在一家外企工作。她是我的初恋，但我不是她的第一个男朋友。她在大学的时候谈过两次恋爱，第一次是和她的高中同学，他们谈了两年；第二次是和我们学校的学长，谈了一年就因为毕业分手了。我俩在工作后确定了恋爱关系，原本一切都挺美好的，但我发现我和她在一起的时候，总是忍不住想要知道她以前和男朋友都做过什么，说过什么，甚至他们去过哪些公园、餐厅，一起吃过什么东西，所有她过去和别人的细节我都控制不住地想要去问。不仅问她的过去，我还对她会不会和我一直相爱下去，会不会出轨也总是很担心，以至于我总是偷偷破解她的手机密码查看她的隐私。

“其实所有认识我俩的人都劝我没必要这样，因为我的条件，不论是长相还是出身，都比我女朋友要好很多，我的工作也很稳定，收入也比大部分同龄人高，家里条件也比我女朋友家里要好很多。而且，认识我俩的人都知道我女朋友对我绝对是一心一意，死心塌地。其实我自己也知道她是很爱我的，但我就是控制不住地想要知道她的一切，控制不住地担心她会离开我。”

这个男孩是从小被放逐在妈妈婚姻焦虑中的“孤儿”，“父亲”这个原本承载美好、幸福、呵护的词，在男孩心中变成了夺走妈妈对他的爱和关注的根源，于是长大成人后，他在亲密关系中不肯相信自己会被一个女人爱护守候，认为这个女人（象征妈妈）永远属于另外一个男人（象征自己的父亲）。

对于这个男孩来说，如果他允许自己拥有忠诚的亲密关系，那么在他的潜意识当中，就意味着他剥夺了爸爸的位置，强迫妈妈放弃爱情而爱自己。自己是既不成全妈妈，也背叛了爸爸的坏孩子，而这和他对父母爱的忠诚是有冲突的。这种心理冲突最终以这个男孩在自己的两性关系中无法控制的嫉妒、控制、敏感、猜忌表达出来。

原因也是孩子对父母爱的呼唤

这位来访者说他没觉得自己赌博有什么不好，而且他已经不吸毒了，就剩下赌钱，如果连这点爱好都没有，他活着就没什么意思了！

“我爸妈都是做生意的，他俩都特别能赚钱。我妈说，我家的钱，能让他们老家村子里所有人一辈子什么都不干也能活得很滋润。

“因为我家很有钱，所以，我从小见到的不是爸妈，而是钱。我妈说我从小就特别能造，人家小孩上学零花钱一个月几百，我上学零花钱要大几千。

“其实我觉得她挺冤枉我的，因为那些钱根本没有花给我自己，都买了平安了。我家有钱大家都知道，我们那边很多混混也知道我家有钱。我很小的时候就有流氓混混打劫我，我要是不给钱就会挨打，我要是告诉老师家长，那就会被打得更惨。开始我扛着不给，后来扛不住就给他们钱，等我四五年级的时候，我就花钱买跟班的，反正有的是愿意为钱跟着我，帮我摆平事儿的人。

“我爸妈也不是不管我，他们只要回家，我和他们说有人欺负我，他们就会带着我去找那些人的家长说道说道，但是一年他们能有几天在家呢？大部分时间还是要我自己去面对。反正我妈给我钱也大方，那些人除了钱也不要什么别的，那就给他们好了。

“所以我这样的人，学习上也不可能学得多好。不过我也无所谓，反正学习也没用，我记得我小学一二年级的时候总考第一名，我爸妈也没夸我。后来我学习不好了，总是年级倒数第一，我爸妈也没骂我。他们好像觉得学习也不怎么重要，我也觉得没什么，反正我爸妈能赚钱，有钱我怕什么。再后来，我和我那帮兄弟整天吃喝玩乐，常在河边走哪有不湿鞋，慢慢就被带上了吸毒赌博这条路。

“我妈发现我吸毒之后是真着急了，生意也不做了，钱也不赚了，陪我在戒毒医院住了半年。后来她天天在家里陪着我，怕我复吸。在家里的那段时间，我闲得无聊，我妈说玩玩钱能转移毒瘾的注意力，后来就玩起来了。

“我现在彻底不吸毒了，但是我不能不赌钱，我不知道自己还能做什么，我也想去上班，但看我同学为了一个月万儿八千的工资累死累活，觉得不值得，如果什么都不玩，我就心里空落落的，心慌得没着落。

“我爸妈现在都不做生意赚钱了，两个人排班轮流看着我，怕我赌钱赌得太大。他们说他们赚钱的速度赶不上我输钱的速度，只要我不输钱，那我家现在的钱依然够我吃喝不愁活完这辈子的。

“我也不知道我输了多少钱，反正以前他们的钱够全村人一辈子吃喝不愁，现在据说只够我家仨人一辈子吃喝不愁。现在和以前不一样的就是：小时候我只能看见钱，看不见我爸妈，现在估计钱输得快没了，我爸妈就天天在眼前晃荡。

“我不想做治疗，赌钱能让我觉得自己特别牛，很聪明，如果真把我赌博给治好了，那我就彻底成了一个废物，而且我真不知道怎么打发时间，每天那么多时间，不知道做什么，无聊死了。”

案例中的男孩所拥有的是一个被钱喂养大的、空虚的灵魂。他既不知道自己的力量，也不知道人生的方向，因为从来没有人对这个生命有任何的要求和期待，而他被提前、过度地满足物质要求并没能让他有被爱的感受，反而让他有一种被钱打发，别给人找事的被拒绝的感受。

最终，除了毒品、赌博这样高刺激的、带来价值感幻觉的东西，已经没有什么能够快速简单地填补这个灵魂中爱的荒芜了。

这个男孩和我说，他小时候曾经因为觉得自己是不被父母爱的孩子而非常恐惧，这种恐惧甚至让他绝望，有不想活下去的冲动；同时他还有自己有钱、能够得到一切他想要的东西的自恋。

咨询师能够看到，这种认为自己无所不能的自恋和被爱抛弃的无价值感，对这个男孩形成了巨大的心理冲突，最终导致他成为一位物质依赖患者，他通过毒品和赌博想要获得的是一种被守候和被陪伴的感觉。这样的渴望在男孩的生活中没有被父母真正地理解和回应过，父母总是选择去赚更多的钱来完成对于自己焦虑的逃离，最终也被男孩用很特殊的方式回报：“抢走”（挥霍）他父母的那些钱。

切断痛苦模式不断复制的链条

在我们的生活当中，到底什么才是最重要的？曾几何时，生存下来是最重要的；后来金钱权力是最重要的；那现在呢？

当我们有了食物和住房，有了生活、尊严的保障之后，那什么是最重要的呢？是一味地填补灵魂深处的贫穷感，被欲望驱使奴役，还是开始审视自己的焦虑恐惧，看看我们拥有的比金钱、名誉、地位更有价值的东西？

我想，对于已经成为历史的过往来说，已经发生的事情没有对错，那都是社会发展的时代印迹和个体行为共同作用的结果。但是对于未来来说，同样的问题所引发的痛苦个案，一而再再而三地出现，开始人们还只是把这些案件当成新鲜稀奇的逸闻，但是当这些案例就发生在自己家庭中、亲戚或者对门邻居的家里，发生在身边的同事身上时，整个社会就要开始反思这些事情到底是因为什么而发生，以及要怎么做才能减少这样频发的痛苦与悲剧。而关于这些让人痛心的案例的各种形式的社会讨论，又反过来催化了社会心理发酵池的巨变。

在痛苦中去思考和面对，生活才会渐渐变得更好，社会文明也将获得更进一步的驱动力。而这一切的前提，在于我们能够更多地看见那些挣扎求存的灵魂。

人们被时代的浪潮裹挟前行，生存的基本物质需要被满足之后，会发现自己仍然不满足，这时人们所追逐的就不再是“物质需要”，而是无止境的欲望了，一不小心就会沦为欲望的俘虏。当人有了欲望，就等于有了恐惧，欲望实现不了会恐惧；欲望实现之后，害怕它消失也会恐惧。

直到有一天人们发现欲望并不能让生活变得更加幸福，并不能让我们深爱的家人快乐健康。只有发展到这时候，我们在基础生存需要有了保障之后，在坠入欲望深渊之前，才会开始思考这一生有没有更好的方式来逃避焦虑带来的伤害。

实现这个目标不可能让时间倒流，让我们的父母来完成错误的修正。如果人们要批判父母，就要连带着批判父母的时代，批判父母的父母，以及更久以前的祖辈的时代。但是历史就是时间塑造的雕像群，其中的每一个人，不论伟大还是卑微，高尚还是卑劣，都是偶然中的必然。

批判，就代表有一个人应该承担你今天所受的苦难。但你的苦难，只有自己体验和感受，谁都不可能替你承担。批判只不过带给我们可以逃脱当下痛苦的幻觉，是我们对于爱和曾经的权威者（父母）无所不能的理想化幻觉。如果人们沉浸在批判的快乐中，那我们的生命力量就会源源不断地被消耗在幻觉里，我们的生命只会越来越无力。

大多数人只是想要探寻如何很好地过完这一生。当我们用这样的视角去回顾父母的生活，回顾我们成长过往中的悲伤，就会发现拯救自己于恐惧、痛苦中的不是父母，而是我们自己。

不批判，不代表对错误视而不见。仔细地审视自己所经历的痛苦，去看见、去阅读一个又一个孤独、荒芜的灵魂，洞悉痛苦的成因，然后让自己成为切断痛苦模式不断复制的链条的勇士，让自己不再被欲望驱使，而是成为一个可以驾驭欲望，会思考，懂得生命真正的美好，并守候它的人，让自己成为另一个生命来到这个世界之初的美好的守护者。我想，这才是生命力量真正的来源，也是探寻美好未来的途径。

我们不能改变历史，但是我们今天所做的一切，对于未来来说，都是历史，每一个人都是自己历史的书写者。

Chapter 4

看见曾经是孩子的自己

对于生命个体本身来说，我们越是对自己有更多真实的发现，就越会让我们拥有更加广阔的视野、透彻的洞察力，去认清自己、看穿别人，更好地生活。这也是我们赋予原本貌似虚无、荒诞的人生的最美好的意义。

最先打败你的是内心的恐惧

人类最核心的恐惧有两个。

一个来源于生物特质：我们的生命是有局限性的，我们会生老病死，最终的归宿是死亡。出于这个恐惧，我们的原始智慧让身体本能地偏好运动，本能自发地调节进食和禁食。

所有健康的生命在经历了对这个世界最初的适应之后，他完成成长的方式就是不停地运动。转动眼睛，活动手脚，从爬上爬下、全身协调平衡性的运动，到哭泣带来的内脏运动。总之，要让自己的身体更好地动起来，这种行为即便没有成年人的引导，也会本能地发生。

说不清楚这样的本能是怎么来的，为什么生命就会自发地拥有这些智慧和能力？我们只能感叹生命的奇妙。

每一个生命都是伟大的，都值得我们尊重。每一副躯体都是奇妙的，都值得我们敬畏。

另一个恐惧来源于我们人类作为高级灵长类动物所独有的特质：思考人生的意义——我配不配活在这个世界。出于这种恐惧，我们生来会对人与人关系当中的爱和危险、支持和破坏保持敏感。

没有人心中是零恐惧状态的，甚至，我们之所以能安全地活着，并且能够不断提高能力，其动力都是来自恐惧——恐惧让我们知道敬畏，恐惧让我们学习，恐惧让我们谨言慎行，恐惧让我们思考。但是恐惧不是越多越好，恰到好处的恐惧可以成为动力，超负荷的恐惧就变成了压力，巨大的恐惧就是对我们的破坏力。

此外，我们对恐惧的态度，也是直接决定恐惧究竟是成就我们还是打击我们的很重要的因素。

共存，对抗，接纳。这三种态度基本就是我们对待恐惧的三种方式，不同的方式带来的影响天差地别。

与压力共存——忽略它

共存这种面对压力的方式，是指当压力不以具体事件出现的时候，当压力浓度没有达到一个临界点的时候，我们并不会让它干扰我们。

我用亲密关系中的婚姻关系来举例。现代社会，个人更加关注内心感受，追求高质量的生活，社会价值体系趋向多元化，崇尚个性自由。面对仍然贴着古老标签“终身大事”的婚姻，尤其是已经证实并不适合自己的婚姻关系，更多人从以往的委屈、顾忌、隐忍，到现在的尽力改善调整，如果依然达不到预期效果，就果断选择放弃，让自己重新拥有获得幸福、平静生活的机会。这不得不说是一场巨大的变革。

无须讨论这个现象的对错，逐年提高的离婚率是我们无法回避的现状，身在其中的每个人都会受到大环境的影响。

虽然依旧还有年轻人憧憬着白头偕老，但也大都明白结婚证不是亲密关系的保险箱，婚姻的经营需要智慧，一切皆有可能。那么伴随婚姻而来的巨大压力，其中之一就是婚姻的安全性。

和这样的压力共存，大多数人的表现方式就是逃避，或者也可以叫作忽略。当别人和他谈论婚姻的安全性的时候，他通常的回答是：没想过这个事儿，就好好过日子呗，想那么多做什么。

共存的意思就是不论它是什么，是好是坏，都不去注意这个东西，它只是一个存在而已，并不会影响到我。就像我们知道手机上有很多细菌，并且很多是有害的，但我们并不会每次拿手机都戴上手套口罩，也不会真的做到每天都清洁手机，更不会拿着显微镜在家里寻找细菌并消灭它们。在我们的认知当中，当我们谈起它们的时候它们就存在，当我们不谈这个话题的时候，似乎它们就不存在了。

共存这种面对压力的方式，是人们顺其自然、接受随机性的结果。如果亲密关系当中的两个人，人格都很健康，内在修养也很完善，对于自己的欲望管理也还不错，那么在共存这样的逃避机制下，自然婚姻的安全性就会有保障。但如果两个人的人格（或者某一个人）不是那么健康，修养和欲望管理能力也都较弱，那出现问题的可能性就会大一些。

由于选择了逃避的方式去面对压力，所以压力就不会出现在人的意识层面，而在潜意识中蛰伏。

其实，大部分人都是这样生活的，人们会以“难得糊涂”来辩解自己没有觉察的潜意识部分。如果这部分未知的东西对人的自信、自尊、与他人的关系不具有破坏性，那这种无觉察就无伤大雅；如果压抑在潜意识当中的这部分对人们的现实生活有很大破坏性，那就不是“难得糊涂”了，而是真的糊涂。

如果说在婚姻关系中，逃避压力来源不是那么好理解，那么亲子关系当中误解压力来源的案例，或许会帮助我们更好地理解这种现象。

一位绘画专业的来访者，突然有一天说自己很厌恶画画，甚至完全不能再做任何与绘画有关的事情，一想到画画她就情绪崩溃。女孩对于自己突然出现的这个情况无法理解，导致情绪、生活、饮食各个方面都处于混乱的状态。

在我们做咨询的过程中，我发现这个女孩的父亲对她有绘画天赋这件事很自豪，并且坚信女儿能够成为伟大的世界级的艺术家。基于对女儿是个天才的判断和女儿必须成为艺术家的目标设定，父亲给女儿制订了非常严苛的学习、练习计划。开始的时候，女儿很努力地做到父亲给自己定的每一个标准，但随着时间的推移，女儿发现无论自己多么努力，在父亲的评价中都是不够刻苦、不够勤奋、不够完美的。女儿非常痛苦，对绘画这件事感觉压力越来越大，水平也越来越难以提升。最终女儿出现了情绪崩溃的问题。

我发现她并不是厌恶绘画，而是对于父亲没有看见自己为学习绘画付出的辛苦而感到悲伤。虽然她在学习当中融入了父亲对艺术的热爱，并试图通过努力来实现父亲对自己的期待，但这种热情和真诚的付出并没有得到父亲的理解和回应。她失去很多童年快乐，取而代之的是漫长、刻苦而孤独的学习，但这并没有得到父亲的理解和安抚，这令她感到愤怒。

这些针对父亲的情绪，女孩自己并没有觉察到——或者说她内心深处不允许自己去觉察。久而久之，她便把亲子关系中的很多情绪转移到自己和绘画的关系上来。在女孩的意识层面里，她没有认识到，自己没能通过绘画得到期待获得的情感回应，这令她很痛苦，她只以为是绘画这件事让她很痛苦，于是只要一联系到与绘画有关的事情，女孩内在被压抑的情感就会被触发，她就会处于情绪崩溃的状态。

人们如果不能意识到情绪背后所隐藏的东西，就会在意识层面通过自己更容易解释或者接受的事情来宣泄压抑的情绪。可是这样的宣泄是不能真正解决痛苦的，反而很容易导致激进，最终我们就不能驾驭情绪，控制它对我们影响的“度”，从而导致质变，也就是情绪崩溃的出现。

当然，人们意识不到压力来源，不是因为智慧不够，而是人们潜意识里认为直面痛苦的代价太大，甚至有失去对于自己很重要的东西的危险，于是人们很容易逃避自己痛苦的真实本源，而只去处理感觉稍微安全一些的事情。

人的内在智慧会产生一种本能，远离自认为最危险的事情，并避免它的发生。虽然给自己设置比较具有挑战性的任务有助于实现内在成长和自我完善的目标，但是人们大都不会主动去做，而是更愿意选择见招拆招的方式，兵来将挡，水来土掩。

与压力对抗——彼此纠缠，耗损生命能量

婚姻安全感是婚姻关系里的一个重要压力来源，受这样的压力驱使，人们与之对抗，在夫妻关系中表现得敏感、多疑、猜忌。当事人会觉得婚姻关系是需要格外重视、严防死守的不安全关系。如果在日常生活中聊到这个话题，通常采取“对抗”方式的人会说：女人太好看就应该在家待着，放出去会惹事；男人有钱有权就会出事，就是要看紧一些。

如果是半遮半掩的“对抗”，委婉一些的人会说：我没想去查他的手机，但如果他没问题也不用怕我查；我没有不信任她，只不过随便开个玩笑（弗洛伊德对玩笑的非常著名的一个解释就是，通常人们不好直接表达出来的真心话，或者潜意识中最真实的想法，都会不自觉地用玩笑的方式来表达）。

对抗，简单地说，是双方对立，相持不下。

凡是有对抗的地方就会有是非对错，有是非就会产生

冲突。人的本能都是害怕否定自我的，自我保护的本能会让人坚信自己绝不会错。对立关系的双方，都坚持自己是正确的，于是这样的冲突就会成为彼此纠缠的常态，纠缠是非常耗损生命能量的一种状态。很快，关系中的双方会因为纠缠而导致身心俱疲，加速了婚姻的最坏结果的出现。

所以，对抗看起来是一种很糟糕的压力应对方式。一个人采取对抗的方式时，许多行为是自己不自觉、下意识的举动。在心理学当中，对抗表面上是两个人或者关系中的某一方所采取的应对方式，但实际上，对抗的心理动因源于一个人内心有两种彼此冲突的自我认知，或者说，是因为他对内在自我否定的那部分产生了认同。

比如，因为不确信自己会被人喜欢，这个人对抗内心恐惧的方式就是要求自己完美，在生活中会力求做到别人眼中的无所不能、面面俱到，企图用一个完美的自己来抵御对婚姻的不安全感的恐惧。

在一个婚姻咨询的案例中，妻子非常痛苦地表示："我要离婚不是因为他的人品有问题，他既没出轨，也没有对我家庭暴力。在别人眼中，他算是一个非常好的婚姻对象。但我就是觉得日子过不下去了。原因很简单，就是他太‘博学’了，不论在家里我们聊天，还是和亲戚朋友聊天，甚至在商场、菜市场与陌生人打交道，只要开始说话，他就会以高谈阔论来显示自己的无所不知。年轻的时候我其实也是被他这个特质吸引，但是这么多年过去了，我不断学习、不断成长，越发觉得他并不是真的博学和自信，而是一种不自知的夸夸其谈。看起来好像什么东西都能说出个一二三，但其实聊的内容大多是道听途说，浅薄片面。有爱较真儿的人会直接反驳他，弄得场面很尴尬，而大部分人则是看笑话。每次看到那些人眼睛里面隐藏的对他的不屑、嘲笑时，我都觉得非常难过。”

这对夫妻有了孩子之后，随着孩子的长大，丈夫在家庭中的“博学”更是让家庭生活出现了很多问题，当孩子或者妻子对丈夫的观点不认同的时候，丈夫就会偏执地要求他们承认他说的是正确的，甚至会纠缠到半夜，直到他们“真诚地”承认他说的是对的。

当丈夫表达他们的婚姻其实没有什么问题，都是因为妻子太不自信的时候，妻子崩溃地说：“让我不能忍受的就是你对自己的自卑不自知。你用让别人看起来像傻子的方式，反衬自己很牛，这种自卑到骨子里的对抗方式太残忍！我不想再为了你可怜的自尊心而扮演傻子，我也不希望咱们的孩子被你的自卑打击成一个傻子。”

我不得不承认，这位妻子说的话很犀利、很深刻。一个真正博学的人是有能力接受不同见解、不同观点的，因为在这个世界上，有太多未知的东西，而且每个人的经历和所处的位置不同，他对事情的看法也会有差异。博学的人之所以会做到“博”，恰恰就是从放下“坚持自我绝对正确”开始的。

对于一个内心自卑的人来说，他害怕被看低、被厌弃，害怕一旦暴露自己非常脆弱无能的真实样子，他所珍惜的他人的尊重和情感就会离去。在这样的恐惧之下，他会对抗内在那个自我否定的自己。恐惧越深，他就越希望更快地逃避，于是在外就表现出急功近利的状态。

在婚姻关系当中，我们会发现不自信的人，会有很多为了抵抗自卑而形成的貌似很合理的预设，并且在这样的预设中不断地制造各种事端，最终让自己预设的最坏结果出现，从而感叹自己的不幸果然是命中注定。

比如一个根本不相信婚姻忠诚这样的事情会发生在自己身上的人，他就会预设自己的情感对象没有忠诚于婚姻的自觉性；或者预设对方没有独立生活的能力，是需要被自己更好地“呵护”“陪伴”的，是在很多问题上需要自己帮助的。但我们都知道，如果这样的陪伴呵护过于紧密，不论是谁，恐怕都会有窒息的感觉。

防御机制的启动

当我们内在有巨大的恐惧，忽略不了它，也不敢去面对时，就会想方设法地进行抵抗。在心理学当中，这叫启动防御机制。这些防御机制本身并没有什么值得批评否定的地方，反而我会觉得这其实也是在自己无能为力的状况下，我们的内在智慧能够选择的让自己不崩溃、不发疯的最好的面对方式。

比如一个从小被遗弃的孤儿，当他有了家庭之后，因为对自己曾经不幸的经历有过刻骨铭心的恐惧，于是为了抵抗亲密关系丧失的恐惧，他可能会过度溺爱自己的家人，也有可能因为害怕失去，反而和人拉开距离，不主动建立更为亲密的关系。

这些抵抗的防御机制都是很正常的内在智慧的表达，许多人也会因此受益，比如为了抵御内在恐惧而做到了学习名列前茅，工作很优秀，待人接物非常得体。有了这些益处，这类朋友就更不敢也不愿放弃抵抗内在恐惧。他们不想让自己生活、学习、工作的状态受到干扰。在咨询当中，当这类朋友的内在恐惧被一一发掘出来后，反而会引发他们更多的对抗、否定、攻击。如果没有专业的咨询师来引导疏解，让这类朋友突然直面自己的恐惧，对他或许会是一个更大的恐惧体验。

但是启动抵抗的防御机制，也会让自己和身边人的生活陷入无休无止的纠缠、冲突当中。被溺爱的家人，内心的欲望猛兽会被释放出来，并不会去珍惜、感恩对方的情感付出；拉开距离不主动建立亲密关系，则容易让渴望有爱的交流的家人产生不被爱的误会。

而对于“抵抗”的识别，是要用来发现自我、觉察自我的。如果不敢直面恐惧，那我们最终会因为逃避而背负越来越多的负担，给自己带来越来越多的限制，不能建立真正有质量的人际关系。最后，我们一定会被自己内在的恐惧打败。只不过在现实层面，这个恐惧会伪装成生活、工作中的突发事件，或者伪装成不幸、意外的到来。这点我之前也提到过，但这是一个需要被反复强调的观点，所以再次提出。

接纳压力——要想走出恐惧，一定要先走进恐惧当中

要想走出恐惧，一定要先走进恐惧当中，一味地逃避恐惧只会让自己敢于触碰的世界越来越狭窄，最终人们将会在恐惧的追逐之下无路可逃。

当看清自己到底害怕的是什么，读懂自己恐惧背后的情感，读懂恐惧所引发的内心冲突的意义的时候，你会发现：原本的恐惧和内心冲突会因为你对它的理解而消失。这就是对于恐惧的接纳。而接纳恐惧，是勇敢者的选择。

之所以这么说，是因为执着于恐惧状态本身是隐含着人们不能宣之于口的、来自天生自恋本能的诉求的，而勇敢者选择的是接纳，是一种和解，就等于从自恋的本能中挣脱出来，完成了理性的蜕变。

人们往往会因为恐惧而混淆自我和他人的边界，有的

人觉得父母不够爱自己，或者给自己带来很大的伤害，那么执着于恐惧状态的现实表现就是纠缠在亲子关系当中：我希望父母能够改变，变成更好的父母来消除我的恐惧。这种因为恐惧而产生的情感纠缠，往往还隐含着一种不曾宣之于口的控诉：我认为一切都应该按照我的渴望和理想来呈现，我认为父母应该做到而没有做到。这种隐蔽的诉求就是人天生的自恋，是对自己和对这个世界的理想化。

想要消除这种恐惧，不是说想方设法去实现这种理想化的目标（无论是关于自己还是关于他人），而是应该对这种理想化的执着进行解构，接受并允许一切都有其真实的样貌和存在的局限性。而我们恰好就是以此为前提去完成自己人生的创造和体验的。

恐惧的转移与恐惧的投射

有许多人很恐惧自己不够强大，于是在生活中就会对同事、家人表现得过于强势，包办、逞强，以让别人感到弱小的方式来完成对于自己恐惧的安抚。这是很多人采取的处理自己恐惧的方式，而且这种方式看起来比其他方式更为简单，起效也更快。

但这样并不会让自己的恐惧消失或者转化掉，它只是让恐惧者暂时感到压力减轻，是把这种恐惧转移到其他人身上去了。但在人的情感关系中，能量不是单向地流动，而是不断地循环，所以这样的转移最终导致的是总会有一个被转移的对象因为不堪重负而崩溃。

还有一些人，当他们内心的恐惧到了无法承受的时候，往往会通过挑剔身边人的缺点来安慰自己内心的无力感。但这样的安慰是建立在破坏别人的自尊、自信、价值感的基础之上的，所以最终会遭到强烈的反抗。反过来，施加压力的一方会再用更大的力量去镇压。在家庭关系中，如果镇压的一方赢了，成为家庭中强势的、唯一的成功者，那么他输掉的是家庭的和谐与幸福。

这种情况在我们生活中其实很常见，和这样的人相处，你会觉得不敢放松、自由地表达自己的观点，对方像是一个长着刺儿的玻璃人，你不知道自己哪句话或者哪个表情就会让对方愤怒，引来对方的批评、攻击。

还有一种情形，就是你和这类人相处，刚刚开始接触的时候会觉得他特别好，热情、真诚、有知识、有见识，但接触时间长了，会觉得和这样的人待在一起越来越不舒服。但你也说不出来具体哪些地方让你不舒服，就是会觉得累：和这样的人聚会之后，你有时候会心累、疲倦，有时候是觉得肩颈酸痛，有时候会觉得头痛眼胀。总之就是有一种不舒服、不真实的感觉。

这其实是你的内在智慧在发挥作用，当一个试图掩盖自己内心、自我否定的人在你身边时，通常他都会把内心的软弱、不优秀、不健康、不够积极等自己害怕的东西投射到别人身上，或者故弄玄虚（体现在语言表达方式上），让别人觉得自己好像比他笨，比他差很多。

在这里我们要区分一下我们和别人交往之后，觉得别人比自己优秀和觉得自己比别人差劲这两种感受，两者其实是有很大差别的。一个人觉得别人优秀，那是一种欣赏的、调动自己内在积极动力的一种感受。我们承认自己是和优秀的人在一起，其实在潜意识当中是认为我们也很优秀，这对于自己内在的能量是一种加持。

但是当我们和一些人在一起，他们让我们感到自己比他们差很多，且看起来比他们蠢的时候，这是在进行自我否定、自我攻击，调动出来的就是我们内在很消极的自我认识。如果长期处在这样的状态里，人就会出现自我质疑、自我厌恶、自我否定等抑郁的状态。这其实就是我们在不知不觉中接受了别人对自己肆无忌惮的利用，我们成了另一个人逃避内在恐惧的垃圾桶。并且因为这个认同，我们也开始进行自我攻击。

事实证明，这样的强势，只不过是一种伪强势，在夫妻关系、亲子关系、职场关系、朋友关系当中都会出现。

心理阉割

即便是真正的强势，如果没有用在恰当的地方，对于我们的生活来说，也绝对是一种潜在的威胁。

一位古稀之年的女企业家来到我的咨询室，滔滔不绝地给我介绍她的服装品牌，说完自己的辉煌事业之后，她和我说："你给我做咨询千万别有压力，你就把我当成一个普通咨询者就行。"

我说："听您这样嘱咐我，我有种巅峰之处尽是孤独的感觉。"

这位女士先控诉丈夫是多么劣迹斑斑，家庭暴力外加出轨，再说两个儿子是多么不懂得体贴妈妈的辛苦，软弱无能，都患过不同程度的抑郁症，现在老二已经懂事了，可以给自己打下手，帮助管理公司，老大还一直在外漂泊，要做画家。但有一点还是让她很欣慰，那就是家里的三个人都很听她的话，她老公叫她“女王”，两个儿子和儿媳妇叫她“老佛爷”。

我问：“那您觉得您的丈夫和儿子是国王和王子吗？”

这位女士丝毫没有犹豫地脱口而出：“当然不是，我才是国王。”

我说：“女王、皇太后、老佛爷身边如果不是国王皇帝，不是公主王子，那就只剩下太监了。”

她很久没说话。我想，以她的人生经验，对于我这句话背后的隐喻，或许她能有自己的领悟。

阉割不仅仅指代生理迫害，在心理层面，也有阉割现象发生。心理学上的阉割，指的是将一个人的精神、独立思想、能力的发展从根源上切断，让一个人丧失精神力量和自我发展的力量，成为一个傀儡，完成对实施阉割者的服从和跟随。这种行为虽然说出来很不好听，但其实很多强势的人都在或多或少地对自己身边的人进行这样的心理阉割。

强势是事业成功的特质，却是家庭关系的破坏力

我们的性格特质，其实都是在追求安全感的过程中塑造的。

对于一个心理学工作者来说，我们通常不会用道德的标准去评价性格特质，只会更多地思考这样的性格特质形成的原因，以及帮助来访者看到他的性格特质到底会带给他什么样的生活。

比如一个辩论能力很强的人，如果他恰好是一个律师，那这样的特质对于他的事业发展是有一定促进作用的，但是如果他把这样的特质用在生活中，那会让和他相处的人很有压迫感。一个温和的人很适合做老师，会让学生有如沐春风的感觉，但遇到冲突的场合，这种特质的人就不容易保护自己。

对一个家庭来说，最大的破坏力之一就是某一家庭成

员的强势，但对于个人的发展来说，强势如果运用得当，反而会让他在一定程度上拥有很好的社会竞争力和抗挫折的能力。

我们简单地回顾一下强势性格特质是如何形成的。从来到世间起，人的成长是自己的力量不断积累、资源不断扩大的发展过程。如果自己的力量和所拥有的资源没有很好的积累，自信心受到打击，那要么就成为一个自卑的人，要么就甘于平庸泯然众人。而有了很好的积累的人，最初自信心膨胀，会对自己有较高的期待，高期待对应的是高行动力，当做出了成就，形成的良性回馈会进一步积累力量。然而过犹不及，高自信、高期待、高行动力所带来的另一个特质就是强势，又因为被无止境的欲望所驱使，往往导致专断冒进，遭遇挫折后容易跌入低谷。

到了这一时期，有的人一蹶不振，有的人鼓起勇气另起炉灶，然而并非所有人都会从性格层面去思考总结失败的真正原因（或者总结得并不准确和彻底），于是陷入另一次循环。只有那些能够找到并正视内心恐惧的人，正确地总结和应对后，才会有质的飞跃，取得更大的成就。

在我的咨询案例中，这类强势的朋友并不少见，比如一位强势的父亲认为自己在儿子的教育问题上是绝对正确的，儿子之所以出现厌学问题，是因为家庭其他成员对孩子的娇惯宠溺。

我问他，为什么认为自己在教育问题上“必须是第一名”的观念和“教育就是不打不成器”的行为是绝对正确的？

这位先生和我说，因为他从小就是学霸，父母在他的成长中几乎没有什么帮助，他从小到大都是凭借自己的聪明和勤奋取得了优异的成绩。他说，像他这样没有背景的人能够在一线城市买别墅，能够创建数百人规模的公司，教育孩子这样的事情简直就不值一提，他怎么会出错？

然而就在我给他的孩子做心理咨询的半年之后，这位先生因为斥巨资投资了自己并不熟悉的科技项目，导致经营出现了非常严重的问题，几乎到了破产的边缘。

如果我们不能够读懂成就我们的力量，我们最终会被这种力量所吞没。

人的成长伴随着痛苦，但是痛苦不会使人成长，对于痛苦的反思才会。

强势这个特质是人的自我发展过程中必然会出现的，

只不过有的人强势的特质被过早地打压，有的人强势的特质和能力不匹配，呈现出一种自以为是的自大、蛮横，也有的人强势的特质得到了很好的发展，从中获益，并逐渐走向强大。

社会角色与家庭角色

我说这么多，其实就是想说，强势是我们成长过程中一个很自然的总会出现的状态，它是生命力和青春的表现，它尤其会出现在孩子和青年人当中；但是也恰恰因为青春，没有太多挫折，对这个世界的认知有局限性，对生命还不够敬畏，强势也让他们容易更快地遭遇挫败。而有才华的，或者是幸运的强势的人，或许因为这个特质获益，带着这个特质进入中年甚至老年，但要么遭遇挫折被动地开始反省，要么自己有很好的智慧悟性，能够不断地在学习和生活中自省，否则人们是不会放弃通过强势的特质所攫取的利益和快乐感受的。

不知大家有没有发现，通常我们对人的社会价值的判断更容易从利己和利他两个角度出发。在这个视角下，人们通常会有这样几种状态存在：

做损人不利己的事情，这个人是坏人；

做损人只利己的事情，这个人是自私的人；

做不损人也不利己的事情，这个人是个老实人（老好人）；

做损个别人利大家的事情，这人是一个狭义的好人；

做不损人利很多人的事情，这个人是善良正直的成功人士；

做损己利很多人的事情，这个人是高尚无私、慈悲的人。

在这个视角中，人的社会角色的味道会更浓厚一些。这和我们以往对于应该如何评价一个人带有功利性、物化的价值取向是相关的。

但是这也符合人性，就像我们愿意去发现一个人的灵魂，前提是这个人引起了我们的兴趣——或是其外貌，或是其外在身份标签（名誉、地位等）。当然也有因为我们潜意识中的某些情结而对这个人感兴趣，那就属于个体私人情感探索的部分了。

既然对大部分人来说，评价一个人的价值是根据其社会角色来定义的，那对于个体来说，发展社会角色就成为我们个人发展任务的关键。

然而这样一来，对于社会角色和家庭角色的不同特质，我们很难有敏锐的自我觉察和清晰的自我要求，从而在家庭生活中，表现为不太能胜任自己的家庭角色。

譬如我们经常听到某某是医生，所以他家特别干净；某某是领导，所以在哪里都做主做习惯了；某某是老师，所以对自己的孩子就更加严格；某某是做某种工作，所以脾气不好……

有人说，这是因为以前的人们并没有意识到不同角色也需要不同对待，然而事情不是这么简单。从前的人追求更多的是打造能够被认同的社会角色，而对于家庭角色、亲情、爱情的重要性，人们没有足够的重视，也达不到一定的认知高度。

强势的特质，这个能够让我们在社会中杀伐决断、敏锐反应、正确决策、树立权威的有力特性，应用到家庭中来，就非常恐怖。

对于一个生命来说，最好的呵护就是发现他的独特性，并给予其更好的发展空间。而这和强势的人独断专制、习惯掌控的特性是冲突的。所以当一个强势的人用对待社会角色的方式来对待家人的时候，那么对家庭其他成员的心理阉割就会出现。这也是父母很能干的家庭孩子却容易出问题的一个很重要的原因。

优秀的社会角色并不一定是优秀的家庭角色，但是这类强势的人是不允许自己失败的，所以，当他发现自己在社会角色建造中因为强势而获得的优势，并不能在家庭角色建造中生效时，挫败感就会出现，由此而产生的恐惧，催生了“抵抗”失败的行为。

警惕自卑者的利剑伤人

人们会因为害怕被别人看穿自己的浅薄，从而自以为是地积极表现，殊不知却因此更暴露出自己的浅薄。

人们还会因为害怕被别人看到自己的脆弱和无力，从而自以为强大地表现出攻击性，殊不知却因此更暴露出内心的脆弱无力。

我们一生当中，除了要增强自信和对自我恐惧的觉察力之外，还要有对自卑者抵抗恐惧方式的简要识别力，以避免被自卑者的无差别利剑所伤。比如当我们遇到夸夸其谈的人，偏执地要求别人认同自己观点的人，逞强好胜的人，打肿脸充胖子的人，他们的这些行为，其实大部分都是抵抗内心恐惧的一种表达方式。

在咨询的过程中，不乏这种自卑伤人的例子，他们为了逃避内心的无能、无力、脆弱带来的自卑感，盲目相信自己具有强大的能力，比如某些过度废寝忘食地学习和工作的行为（现实情况是没有必要在最短的时间里做更多的工作，刷更多的题）；比如过度放大自己在某些工作或者关系当中的重要性（例如身为妈妈，认为孩子只能自己带，别人带孩子都会让孩子生病；在工作上事必躬亲，否则一定会出乱子）；比如那些认为自己是具有影响力或拯救能力的人（有些心理工作者其实也有这种症状）。

抵抗一定是具有破坏性的应对压力的方式。很多盲目自信都是源于潜意识对自己的否定。虽然潜意识难以觉察，但是我们的生活、行为却会遵循潜意识的轨迹。

许多人内心最大的恐惧就是被别人发现光鲜外表下的破败不堪，因此对自己内在不认同、否定的部分会试图遮掩，但是遮掩得越严实，他们越害怕露馅。最终，他们不是被外在的挑战打败，而是被自己内在的恐惧挤压至崩溃。

成人的自由：选择——焦虑—丧失—责任—孤独

人最大的痛苦源于“选择”。没有选择的权利和资本，意味着我们不够自由，而等我们拥有了选择的权利，在面临选择的时候又会引发焦虑，因为选择本身就意味着得到一个和失去一个，这和人们内在对于丧失的恐惧又有关联。于是，选择对每个人来说都意味着责任——自己人生的责任。随着生活阅历的增加，我们会发现，无论我们身边有多少智者，有多少爱我们的人，最终能做出选择的只有我们自己，这就是存在主义说的“人生的本质就是孤独”。

一个人成熟的标志就是对于孤独的理解和耐受。

孤独感会激发人们产生很多情绪，成熟的人和幼稚的人的区别之一在于：成熟的人能够将自己的愤怒、悲伤、恐惧用更心智化的方式表达出来，比如说、写、唱、画、运动等；幼稚的人则会退行回一个婴儿的状态，以简单粗暴的哭、闹、抓、咬来要求得到满足——寄希望于用自己的情绪、行为、状态来调动他人为自己做事，以此来缓解自己的情绪，解决问题。

之所以会出现这种退行，是因为倘若一个人没有在被爱浇灌的成长过程中完成自己力量感的建构，那不论他的生理年龄是否成年，不论他是否学习到很多的知识和技能，他都很容易退回一个孩子的状态，来完成对自己存在的安全感和价值感缺损部分的修补。

因为这些人长大后无法用成人的方式去表达和实现愿望，而印象中婴儿时期简单粗暴的行为能够让自己快速得到满足，于是回到婴儿状态，放纵自己简单粗暴的情绪宣泄和表达。但是没有人是无所不能的，也没有人是永远有力量的，更没有人是能永生的，所以对于一个成年人来说，即便父母、爱人、孩子再怎么爱他，如果他坚持不承担自己的责任，那么最终身边的人或因为筋疲力尽，或因为生老病死，或因为不堪重负，不能再满足他的需求，他最终会活成一个孤家寡人。

表面上看，这种拒绝承担自己责任的人，能够从退行中快速有效地得到物质上的满足，但在精神、情感层面，他会越来越有一种无力感，最终不得不活在永无止境的愤怒中。

很多成年人的退行是在表达因为父母沉浸在自己的焦虑当中，看不见孩子的需求而产生的愤怒。

有些父母自己内在很焦虑，他们会以各种方式将自己的焦虑释放到孩子的成长过程中，以期得到缓解。他们会用各种理由把这种释放焦虑的行为合理化，所以当他们这样做的时候，是真的认为只有这样孩子才能获得最好的爱和教育。

如果说只要给了孩子最好的爱和教育，就能成为最好的父母，那什么是“最好”？但凡说到“最”的时候，就是表达局限性和恐惧的时候：井底之蛙认为井口的天空就是天空的全部，这是认知的局限性；家长想做最好的父母是出于想要掩盖内心认定自己做不好的恐惧；“最强”“最好”也意味着没有上升空间，会激发停滞（死亡）的恐惧，所以“最好”永远不会真的出现，也是无论如何也实现不了、做不到的。

父母越是这样对自己的行为发自内心地认为“正确”和“无论如何也做不到”，越会给孩子的人格、性格塑造形成很大的障碍和破坏，给孩子成年之后的很多现实问题埋下隐患。

通常我们说，谁制造了问题就应该由谁来解决；谁制造了问题，谁就要面对问题带来的后果。从现实层面看，我们称之为因果。但是这样的因果不仅是痛苦悲伤的，更是毫无意义的。

巨婴——以为不选择，就不必承担责任

一次在节目现场，来了一位50多岁的中年男子，他面对70多岁白发苍苍的老母亲下跪，请求母亲将他的身份证和存在母亲那里的仅剩的10万元还给他，让他和自己的第四任妻子去妻子老家生活。男人很痛苦地诉说前三段婚姻是如何被母亲破坏，自己无力面对惨淡的、无钱无子的中年生活。现在上天眷顾，他终于遇到了人生真爱，虽然这个妻子比他小将近30岁，虽然是闪婚，但他相信，妻子是爱他的，只要脱离了母亲的控制和干涉，他们的生活一定会幸福美满的。

看着场上涕泪横流的男人，我们不禁要发问，之前的三段婚姻当中，这个男人做了什么？如果真的想要离开母亲生活，为什么一定要得到母亲的批准，身份证不能补办吗？这个母亲或许犯过很多错误，但是一个70多岁的老人家，只有这一个儿子，也没有其他的存款和财产，如果

儿子把10万元拿走，那母亲将如何生存下去？和一个50多岁的男人相比，好像那个70多岁的老太太更需要这笔钱吧？

当我把这些问题提出来的时候，男人立刻说出很多冠冕堂皇的理由。核心就是两个：第一，他的自由必须由母亲批准；第二，没有钱他将会很艰难，而母亲比他强大，会有办法。

也许他的母亲的确做了太多剥夺他力量的事，让这个男人处于一种精神、能力被抑制发展的状态，毕竟母亲做的有些事情听起来甚至会让所有人都觉得愤怒。可是我们要怎么面对这个情景呢？期待时光倒流，让母亲换一种方法教育、爱护孩子，还是母亲痛心疾首地认识到自己错了要痛改前非，抑或是支持男人的独立宣言，或者批判男人在母亲70多岁的时候要离开的不忠不孝？

这些我都不想说。因为每一种说法都是毫无意义的道德评价，对于一个人心灵的发展并不会有积极的作用。即便这个人因为道德舆论冲击，内心力量被唤醒，但是当他回归自己的生活的时候，一切都不改变的模式依然会让他退缩回自己最熟悉的宝宝的状态。

我只是想给他做呈现：他今天看起来很有男子汉气

概，其实内里依旧是一个小男孩的状态。他的快乐、选择都需要建立在母亲的批准之下才不会有压力和愧疚，那这不恰好说明他无力承担自己的选择可能造成的各种后果？他认为是母亲选择了批准他自由的权利，那么自由这条路就是母亲帮他完成的选择，谁选择，谁就承担选择的责任，这不是一个小男孩的内心诡计，又是什么呢？

50多岁的男人固然社会竞争力已经很弱，但还能比70多岁的母亲更弱吗？只考虑自己的生活，不考虑母亲的生活，因为他内心认为虽然母亲70多岁，但依然比他有力量，所以实际的生理年龄对于他们是没有意义的，他依旧把母亲当成年轻时那个强壮、能干的母亲。这不是一个小男孩的心态又是什么呢？在这样的小男孩心态下，很难让人相信面对情感他能够做出正确的选择，面对未知的未来，他能够积极地去面对。

面对儿子哭天抢地地控诉和请求，那个不知所措的老太太内心可能后悔，也可能依然故我，但无论如何，这个场景对她来说都是残酷的惩罚。除此之外，我看不出这样一出人间悲剧的上演还有其他更有价值的意义。

这类儿童化、婴儿化的痛苦表达方式其实在生活中很常见，它会出现在年轻人不出去工作，在家里无所事事的状态中；会出现在年轻人因为父母曾经的错误要和父母断绝关系的行为中；会出现在兄弟姐妹互相推诿老人赡养、争夺家庭财产的行为中；会出现在莫名其妙、理直气壮地去占用公共资产的行为中。

渴望奇迹的人，都在“等待戈多”

当人们用自己的生命作为向父母复仇的子弹，用自己的人生祭奠父母的焦虑，用自己惨烈的创伤去换取父母并不曾拥有的更为高级的爱和尊重时，人们最终会和父母一起坠入深渊。这不是爱，也不是力量。这只是自私的循环，是无力脆弱的再现，是对爱和恐惧的混淆，是对父母不敢承担自己内在焦虑行为的复制。

但是，这并不是批评。

没有人规定要怎样过一生才是正确美好的。即便是因为恐惧而纠缠在一起的相伴，也是度过人生的一种很自然的方式。人们就是在这样的痛苦中等待，渴望出现一个奇迹，认为当它出现之后，痛苦会突然消失，智慧会突然降临，温暖有力量的爱会萦绕在自己身边。这种等待或许持续一代人，或许持续两三代人。

就像著名作家塞缪尔·贝克特的荒诞剧《等待戈多》一样，人们不知道自己等待的是什么，但本能会让人们执着地等待——哪怕这样继续下去毫无意义，人们还是会为了那个莫名其妙的奇迹一直等待下去，可以看不见自己，看不见身边发生的残酷，看不见智慧，甚至看不见等待的那个东西其实已经以人们并不喜欢的方式出现了。因为期待的是奇迹、神迹，而所有现实中发生的、出现的，不在人们考虑之内，所以就会一直等待下去。

人们给自己设置了一个悖论的囚笼。恐惧是人们内心升腾起来的感受，当人们期待外在力量帮助自己远离恐惧时，无论这个所谓的外在力量有多么强大、持续多久，人们如果不停止制造内在恐惧，那么外力根本不会起作用。然而现实是人们执拗地相信那个能够拯救自己的更有力量的外力是存在的，只不过因为自己不够好，不够努力，不够走运……总之是还没等到。

于是这就变成了对美好幻象的追逐。

而生命就在虚无的等待中愤怒地咆哮，悲伤地哭泣，失望地结束。

站在家庭里所有人对立面的“救世主”

现实世界中，没有无所不能的神，即使家族当中出现一两个“无所不能”的超人，也只是看起来无所不能。这份无所不能反而更强烈衬托出其他家族成员的无能，且他的出现，会让其他人失望和痛苦，坠入黑暗深渊。

有一位年近50岁，非常美丽的中年女性，在做领导的丈夫和自己创业的英俊儿子的陪伴下来到我的咨询室。这位女士就是家族当中曾经的超人。她家兄弟姐妹四个，三个姐妹一个哥哥；丈夫家是兄妹二人。父亲去世后，母亲和哥哥一起生活，公公婆婆是老干部，有独立的住处和私人医护人员照顾。

在这样一个大家族当中，这位女士充当了所有人的“救世主”，不论谁家有问题，她都会出面帮助解决，不论谁家有困难，她都慷慨解囊，不论哪边的父母生病住院，她都独自承担照顾病人的工作。给昏迷的公公吸痰，亲手帮助便秘的婆婆排便，自己妈妈住院十几天全是她一个人衣不解带地照顾。对于来自其他家庭成员的感谢和想要共同照顾老人的要求，她一概回绝。这样任劳任怨、毫无怨言的她，最近却被两件事情击垮：一件是娘家拆迁，家人没有一个和她商量，甚至都没有通知她就完成了拆迁工作，而且她是唯一一个毫无利益获得的人。另外一件事是她偶然听见小姑子和婆婆嘀咕让她提前立遗嘱，免得嫂子这么殷勤伺候公婆是惦记公婆的别墅豪宅。

这位女士认为自己为家庭成员牺牲奉献，毫无私心，不图名不图利，但是没想到这么多年来，她却连家人最基本的信任和尊重都没有得到，反而还被这样误会、诋毁。于是她向家人表达不满，问他们拆迁为什么不告诉自己，问他们为什么要背着自己立遗嘱。结果，两边的家人反而认定她果然有私心，否则怎么会纠结这些问题。

当这位女士哭诉完她悲惨不平的遭遇之后，她亮出身上一道伤疤，说是自己那段时间崩溃了，于是在兄弟姐妹面前用刀割破自己的身体，要让他们看看她的心、她的血是红的，不是他们认为的黑心、肮脏。

当一个家庭当中出现“救世主”的时候，通常结果都是这个“救世主”处于不被理解，甚至被攻击、被孤立的尴尬境地。

内在自我价值的平衡机制

在生活中这样的例子有很多，自认为无私地帮助亲戚朋友，但是当自己需要帮助的时候却无人响应，让人不禁感叹人性的自私冷漠。

然而，我们却不能一概而论地总结为是那些人不懂感恩。

当别人提出需要帮助的请求时，我们做出了回应，对方因此感激。这是一次健康的情感互动。它能让被帮助者感受到自己不是孤立无援的，自己是安全的，自己既有解决问题的能力，又有当问题解决不了时召唤出帮助的力量（因为帮助者是在我需要的时候被我召唤出来的，所以虽然我解决不了问题会有挫败感，但我有召唤外援的能力，这就让我产生了力量感，这两种感受相互平衡，所以不会让请求帮助的人有太强烈的无力感和挫败感，也能让帮助人的人感觉自己是被需要的，自己是有价值的）。

相反，当一个很有爱心、责任心的人，在别人提出困难，但还没有提出需要帮助的请求时就施以援手，比如人家刚抱怨最近家里装修、孩子考学、家人生病，事情太多，钱不够花，你就主动说，那我借你一万元周转一下。表面上看是人家有困难，你很慷慨地伸出援手，而且还那么体贴和善解人意地主动提出，避免了人家开口的尴尬，按道理这应该是很周到、得体的善举。然而事实却是：人们内在都有一个自我价值的平衡机制，当不用付出代价就能获得帮助的时候，人的意识层面是开心的，但内在会有自我价值感被剥夺了的感受。

比如一个人买彩票中了大奖，由于他花了买彩票的钱，所以尽管中奖收益远远大于他的付出，他也不会忐忑不安地拒收这笔财富。但大量的数据显示，在中彩票之后，能够将财富用到创造财富、持续有效地改善生活上的人所占比例并不大，更多的中奖者会很快地将意外之财消耗掉，又回到中彩票之前的生活状态。

这其中的奥秘就是大部分人内在的价值平衡机制在起作用，由于人们承担不了现实中不通过实际创造就获得的这么一大笔财富，于是超载了的现实价值就需要被快速地消耗掉，以保持自己内在价值体系的平衡。

在孩子身上，这种现象更为常见。当孩子在玩游戏时遇到困难，如果他没有提出需要帮助，在旁边观看的爸爸妈妈就直接帮孩子解决了这个困难，不仅不会让孩子开心，大多数情况下反而会惹孩子发脾气或者大哭一场。我在亲子活动中就见过很多次这种情形，孩子不知道把手上的拼图放在哪里，或者在思考悬空梯要怎么才能爬过去，当孩子还在积蓄力量的时候，或者在委屈害怕的时候，父母突然出手把拼图拼好、把孩子抱过悬空梯，孩子就会大发脾气。

这些都是直接或者间接的内在价值平衡系统受到过强的外力干扰，导致价值感丧失或者价值感和现实价值不匹配时会出现的场景。

偶尔的自我价值感被剥夺，人们还能够自我调节，比如会认同自己就是没有帮助者强大、聪明，但如果总是这样，人的内在自我价值平衡机制就会受不了这样的剥夺，从而产生被强迫弱化的愤怒。简单地说，就是人们不想成为影子，但光突然不请而至，自己突然就成了衬托光的影子；或者自己不甘心只做绿叶，但花突然开放，人们发觉自己只是一片叶子。这样的感受和发现会让人很愤怒，但是人又有懒惰和贪婪的本质，所以很难拒绝无须付出代价的帮助；当人们并不是因为懒惰和贪婪而接受帮助，而是自认为在以自我贬低来成就他人的价值感，从而获得对方的爱、欣赏和尊重的时候，他就更加难以拒绝对方给予的帮助。

接受帮助的人，觉得牺牲了自我价值，帮助了“施与者”完成价值感体验；但现实却是“施与者”认为自己才是那个伟大的牺牲者，并不会给予接受帮助的人所期待的情感回应，接受帮助的人就会希望落空。于是两个人的牺牲（一个显性的，一个隐性的）都不能滋养自己，也不能滋养别人。

最后就变成，不论人们出于什么原因接受不请自来的帮助，为了平衡自己的内在价值，都会黑化那个主动无私提供帮助的人。

被黑化的人的悲哀就在于，他用自我牺牲的方式完成了内在价值的获得，但他并不会对这部分获得有意识，所以，当他自认为为别人做了很多奉献之后，却没有被人记住他的好，就会感到很愤怒和悲伤。

当然也有人会提出帮助的请求，但得到了之后并不会感恩。除了个人的教养素质和独特的成长经历之外，导致这一现象的还有一个比较普遍的原因——那就是这个提出帮助请求的人，无法自抑地以牺牲自我价值的方式去爱那个“施与者”，但他潜意识里其实渴望自己的请求会被拒绝，从而迫使自己能够走上（看起来是被迫的）自我发展的道路。

但对于一个渴望通过帮助别人来完成自己价值感体验的人，当他“施与”帮助的欲望过于强大的时候，即便没有接收到明确的请求信息，也能很巧妙地让别人发出求助的声音，显而易见，他怎么会拒绝这样的请求呢？所以对方被拒绝的期待注定要落空。

在咨询中，这类渴望自己的请求被拒绝的人通常会出现生病状态。比如抑郁症、焦虑症、强迫症等。

一个人渴望获得自我价值感和力量感的体验，但内在又很恐惧，一旦自己独立完成了价值感的创造，对于需要他的存在才能够安抚焦虑的那个他非常重视的人（通常是父母）来说，是一种抛弃、背叛；当一个人不确定自己是不是真的被爱着，过往的模式会让他不敢主动停止，也无力主动停止发出需要帮助的请求，因为如果这样做，他就不能确定自己爱着的那个人还会不会和自己继续发生情感关系，他会害怕自己被抛弃。

于是他一方面无力停止请求帮助的呼唤，一方面又不能停止对于独立获得内心价值感的渴望，内心就有了巨大的冲突。

Chapter 5

在关系当中被看见

死亡本身虽然会使我们毁灭，但死亡的观念却可能拯救我们。

——欧文·亚隆（存在主义心理治疗大师）

亲密关系中的人需要相互“看见”

我不确定自己是不是真的被爱着，那我就要在这段关系里，或者和这段关系相似的亲密关系里，来完成我是不是真的被“非物质化”地爱着的确认。

当一个人不确定自己是不是真实地被爱过、被爱着的时候，就会对这个问题纠缠不休，从而进入一段又一段看起来亲密无间、热热闹闹的假性亲密关系当中。

之所以会说是假性亲密关系，是因为在这段关系中，爱和被爱的两个人（至少一方）其实只能看见自己的焦虑和恐惧，只能够完成对于“别人是否爱我”的求证，而对面那个人是什么样子、他需要什么样的情感体验、他需要如何被爱护，对于身处假性亲密关系状态中的人来说，是没有能力去关注的。

所谓亲密关系，是两个人真正地属于独立个体，能相互“看见”、相互尊重、相互满足、相互扶持的亲密关系。

在各种看起来很亲密的关系当中，隐藏着假性亲密关系。

大K是一位重点大学的高才生，博士毕业，相貌英俊，有很好的工作，年收入将近百万，原始的物质财富积累基本都已经完成。这些条件让35岁的他成为很多女孩梦寐以求的结婚对象。然而大K却发现自己无论如何也没办法和一个女孩开展稳定的亲密关系。不论他和谁交往，都能很快地擦出爱的火花，迅速地发生性关系，但是当他们发生性关系之后，他就会无一例外地对这段关系感到索然无味。最初让他无比喜欢的女孩，又都很快成为他前任名单中的一员。

但是大K对朋友，不论同性异性，只要是朋友范畴的关系，都能够做到非常珍惜，也能保持长期的关系。他甚至怀疑自己是不是真的就是朋友口中的“情圣”。只有大K自己知道，其实每段关系的开始，他都是非常认真和真诚的，而每一次的结束，他也同样感觉是自己不得不做出的真实选择。

在大K的成长过程中，爸爸妈妈对他要求非常严格，爸爸是机关单位的一名领导，妈妈是一位优秀教师，两个人都是从农村经过努力打拼来到城市。大K说，父母这一路走来非常不容易，他们无数次和大K语重心长地讲述自己经历过的挑战、挫折、悲伤。每次大K犯错误、软弱的时候，父母就会用自己的经历来激励大K坚强，并且会采用最严格的教育方式——“打”。

大K记得小时候有一次他被同学欺负，老师请双方家长到校，妈妈来了之后不问缘由直接给儿子一顿暴打，甚至当老师劝开妈妈，告诉她这并不是大K的责任之后，妈妈依然认为这顿打是应该的，因为同学不欺负别人，只欺负大K，一定有大K的问题，所以虽然大K没错，这样严格的教育也是有必要的。

爸爸对于大K的教育方式比妈妈更加严苛。除了百般挑错、指责之外，惩罚的方式就是让大K罚跪，在跪着的同时写检查，写完之后还要跪着朗读到父母认可，才结束罚跪。

大K说，其实他想过很多次：父母到底爱不爱自己，是不是因为自己不够好，所以他们才会这样对待自己？

虽然大K认为自己并没有在成年之后的亲密关系当中

有这样的想法，可现实却是，他在每段感情当中，如果没有和对方发生性关系，他就不确定两个人是不是真的好上了。在大K的心中，只有发生了性关系，才代表两个人是真的好上了。但当两个人有了性关系之后，他又会不自觉地猜测女孩到底为什么会选择和他谈恋爱，为什么愿意这么快和自己发生性关系。到最后，大K总是会觉得：这些女孩之所以会选择和他谈恋爱，这么快同意和他发生性关系，都是因为看上了他的物质条件，而不是觉得他值得爱。

当我问大K，如果摘除这些物质标签之后，别人做什么才能让他相信对方是因为他这个人而选择和他相爱时，大K语塞了。

了解一个人是需要时间的，随着两个人相处的时日渐长，我们能够比较全面、客观地认识一个人。但是从大K的行为特点，我们看出他没有给自己和情感对象时间和机会，去了解这些外在物质标签之外的方面。大K内在的恐惧让他将自己渴望获得的“爱他这个人而不是别的什么”的可能性消除了。

当一个人没有能力建立真正的亲密关系时，内心对无爱的恐惧会将他吞噬。为了获得被爱的幻觉，为了让自己拥有“爱”的资源，不会因为一段情感出现问题而成为一个孤独的人，人们会无意识地用性的关系来替代爱的关系，这种假性亲密关系的存在，可以在很大程度上驱散他对爱的不信任，以及对自己是否值得被爱的质疑和恐惧。

但是过多的经由性建立的关系，会让人们觉得自己被工具化了，这就更让人觉得恐惧和愤怒。

亲子关系中的假性亲密关系

亲密关系中有一种假性亲密关系，它指的是两个人看起来很亲密，但是假性亲密关系中的爱并不是假的，只是它被人们的焦虑恐惧所裹挟，爱的目的不是滋养爱的双方，而是逃离恐惧。所以，处在假性亲密关系中的人很容易爱得轰轰烈烈，却也很孤独，很恐惧。

假性亲密关系不仅存在于两性关系中，亲子关系里也会出现假性亲密关系。

一个被妈妈溺爱的女孩，一直认为自己是世界上最幸运和幸福的人。在妈妈的溺爱中，她被迫和从小带大自己的姑姑切断关系，因为妈妈和姑姑有矛盾。在妈妈的溺爱中，她除了学习，其他任何事情都不用理会，当年甚至被同学嘲笑为白痴；在妈妈的溺爱中，她毕业之后的工作也被妈妈搅黄了——她被妈妈安排成了一个快乐的“啃老族”。

她一直觉得自己非常幸运：所有的人生问题都被妈妈解决了，连她后来闲在家无聊惹出来的事也被妈妈解决了。

直到有一天，这个女孩发现她开始无法自抑地反复思考很多问题，很多词汇、场景、物体都成了她的禁忌，她连续很多天都无法入睡。当她的快乐世界一下子完全崩塌的时候，她的幸福生活也就结束了。

在这个来访者咨询的过程中，我了解到女孩的妈妈从小就被寄养在不同的亲戚家，可以说是寄人篱下，居无定所。所以，当她有了孩子之后，就把孩子当成了当年那个受伤的自己，对于孩子的占有成了填补自己会失去亲密情感关系的恐惧的途径。而让一个人永远不离开自己的最好的方法，就是让这个人离开自己就无法独立生活。这个女孩现在就是离开妈妈的经济支持就无法生活的状态。

虽然她也会离开妈妈来到另外一个城市做治疗，但只要她需要妈妈的经济支持，就必须同意一些内心并不认同的妈妈的观点，说一些让妈妈开心的话。一旦妈妈给她汇来了钱，她就会切断和妈妈的联系。然后周而复始。以至于她妈妈后来不再一下子付完她全部疗程的诊费，而是按次支付。她们在玩一个“你的人生到底属于谁”的博弈游戏。这个女孩的痛苦，不论是心理上的还是躯体上的，都没有真正引起妈妈的重视。尽管妈妈可以给她买奢侈品，会毫不犹豫地为她偿还赌债，但是唯独在女儿做治疗这件事情上非常吝啬。

在咨询中，我发现这个女孩有一种使命感，认为只有自己才能让妈妈不孤独，她会对妈妈进行忠诚深切的爱的表达；但是她不确定妈妈是不是真正爱自己，会不会抛弃她（在她们过往的生活中，发生过很多次女儿想要坚持自己的独立思考和选择的时候，而妈妈用切断和她的关系的方式惩罚她）。她也会对妈妈无视自己真实的情感需求，不尊重自己的自主选择而感到愤怒，对妈妈无视自己的病情感到愤怒，她这些矛盾的情感在咨询过程中会频繁地切换出现。

这段“亲密的”母女关系就可以称之为假性亲密关系。

在整个母女互动的情感过程中，其实只存在妈妈这一个角色，女儿则成了一个玩具般的存在，并且这个玩具是按照妈妈的需求定制打造的。

在这样的假性亲密关系中，女儿没有办法完成对自我真实的认识，也没有办法获得自我力量的感受体验，对于妈妈的愤怒又被对妈妈的爱的渴望和对失去妈妈的恐惧所压抑，慢慢地，女儿丧失了驾驭自己的能力，就像她丧失了和这个世界直接交往的能力一样。她的世界除了妈妈的怀抱，再无其他。

人们内在的生命智慧，是不甘心这种状态的。人们渴望获得真正有价值、有力量、被尊重的爱的体验。而这个女孩内心的这种生命力还没有完全被吞噬，她的内在智慧促使她以心理疾病的方式表达最后的抗争。

不论假性亲密关系被包装成多么精致和美丽的样子，最终总是会被人们内在的生命智慧和顽强的生命渴望所识破。

无论这个人年纪多大，是单身还是已婚，长期成长在假性亲密关系中的人，都是最孤独的孩子，他们尤其渴望拥有被爱的体验。于是，一次次的恋爱，甚至在性关系上的放任都会出现在他们的行为中。

存在的确认——妈妈所给予的情感回应

一句流传很广的电影对白：爱需要理由吗？不需要吗？

一个经由社会新闻引发的段子：你怎么证明你妈是你妈？

存在先于存在而存在，所以它不需要证明，但如果存在本身不需要证明，它又如何证明它的存在是真实的？这个哲学问题类似于存在心理学当中的一个有趣的问题：我们怎么理解“爱”这个抽象的存在，又如何证明“爱”的拥有？

一旦开始证明，爱—亲密—亲热—性—钱（物质），这一连串的东西就会出现在爱的求证过程当中。因为爱是复杂和多样的，求证爱的存在也容易引发人们内在的心理冲突。

爱之所以会和性发生联系，是因为存在一个比较复杂的心理联结。

著名心理学大师、客体关系学派的创始人克莱因女士对于关系发展对自我与爱的形成有非常深入的研究。在她众多的理论当中，“好妈妈、坏妈妈”“好乳房、坏乳房”的比喻，就非常生动形象地解释了人在婴儿时期的自我与环境、被爱与爱的客体关系发展。

简单地说，人们对于爱的理解，初始是与婴儿时期和妈妈的乳房建立的关系有关。当一个婴儿来到世间，这个世界的一切对于他来说都是未知的、恐惧的，当他得到哺育的时候，由饥饿带来的恐惧感、无助感，以及由此带来的内在不安全感得到了缓解。

婴儿在妈妈的怀里被哺乳的时候，获得被爱护、保护、接纳的幸福感，这种感受不仅是作为一种感官感受停留在人们的记忆深处，也会形成这个时期独特的母婴关于彼此的定位，对他们的一生产生很大的影响。

婴幼儿时期，看起来妈妈和婴儿是两个人，但其实在妈妈心里和在婴儿的内在感受中，两个人是融为一体的：婴儿会认为“乳房”是自己的饥饿感召唤出来的东西，那是自己的一部分；妈妈对孩子的爱也与孩子的好坏、对错、优秀与否无关，而仅仅因为“这是我的孩子，他是我的一部分”。在妈妈和婴儿的关系中，这种最早期的、独特的心理发展状态，会让人们对于爱有一种非常美好的记忆。随着年龄增长，妈妈对孩子开始有了期待，婴儿也开始逐渐意识到妈妈不是自己的一部分，是独立的个体，于是人们在成长中就逐渐学会了以独立的状态去爱另外一个独立的人。

但如果这个个体分离的过程发展得不好，或者人们在现实生活中遭遇了重大挫折，那么就会本能地把对于爱的理解和需求，退回到最早的母婴融合的形式上去。

对于成年人来说，与他人融合，让两个独立的人联结在一起，最显而易见的形式就是性。这在象征层面很有早期母婴关系中彼此无条件付出和拥有的感觉。所以当人们在亲密关系中出现问题，有了一些障碍的时候，很容易用“性”来缓解自己爱无力、亲密关系障碍带来的压力。

这也是心理学中常说的“以亲密行为的出现来防御亲密关系的缺失”。我在咨询中发现，有很多年轻人在两性关系中看似非常动情，很快就会和对方发生性关系，但也因为性关系的出现，让他们对交往对象很快丧失了兴趣。

当然在我们的生活中，还有很多人的情感关系出现问题的原因和性没有关联，而是和自己对爱的理想化、自己在关系中如何定位等其他原因有关。

一个没有获得过真爱的人，很容易以为过度依赖关系就是爱，或者以为毫无保留的牺牲就是爱，再或者因为只被溺爱过，所以把别人对自己的好都当成理所当然，只会无节制地享受其中，根本不知回报。无论是哪种模式，亲密关系都会很快地被破坏。

控制者很可能看起来更像受害者

控制和被控制总是成对出现。控制欲的产生，其动力之一来自我们内心对被抛弃和失去的恐惧感，当一个人有这种强烈的不安全感时，任何关系当中能被他控制的人，都成了他要死死抓住的救命稻草。

在控制的过程中，控制者往往不一定是有力量的、强势的一方，也可能是看起来像受害者、无辜者、无助者的一方。我们在面对强势的控制时会有意识地反抗，但当我们面对伪装成受害者、无辜者、无助者的控制者的时候，往往就会认同控制者的行为，甚至会认为是自己做得不够好。这种被控制的状态，会让人们把失去自我的愤怒转变为攻击自己的武器。控制者的恐惧是自我毁灭的恐惧，被控制者的恐惧是失去自我的恐惧。

本性的善良、被动的善举，在行为上并没有什么不同，只是人们做这些事情的动机、尺度、时机有着微妙的差异。

更常见的状态是：人们把自己无法承受的焦虑、恐惧发泄在别人身上，还自以为是地披上一层“我是为你好”的外衣，去帮助别人消除恐惧。而这种恐惧是不是真的会对那个人造成威胁，或者那个人有没有能力自己面对、解决这种恐惧，都因为这个“好人”出手太快而无从验证。能够被验证的就是，有威胁、压力、恐惧出现时，“好人”比你聪明、强大、勇敢，他会帮你解决掉这个问题。

我们想象一下，如果你身边真的有这样一个“好人”持续解救你，你受得了吗？大部分人受不了，因为人们虽然有坐享其成的惰性，但更恐惧自己没有存在的价值和意义，那样的话原始的焦虑就会不断地侵蚀内心。最终不是背叛了帮助自己的“好人”，选择忠实于自己内心的价值需求，就是无意识地制造出一个“好人”也无法解决的巨大问题，从而终止这样的关系。

于恐惧当中拯救自己的唯一道路

痛苦使得人们不能再继续沉浸在对神迹的期待中，于是人们转而开始寻找其他被拯救的可能。

人们能寻找的基本方向就是头顶之上，脚板之下，身体之外，身体之内。向上，宗教就会出现；向下，放纵就会出现（但这依旧属于沉淀焦虑恐惧的方法，所以想要寻求有效的远离恐惧的方式的人通常不再考虑这个方向）；身体之外，就是理想化的期待，这已经被证明是无效的；身体之内，是自我的成长。

只有当所有轻松快速的途径都走不通的时候，人们才会走向最艰难但也是唯一有效的自我觉察、自我成长的道路——这也是于恐惧当中拯救自己的唯一道路。

这就是为什么合格的心理学家，或者洞悉了人们内心最深的恐惧秘密的人，并不会对依然深陷爱恨情仇之中的人们有任何的指责批评。因为，那不过是人们在他们自己的生活中，还能够找到的逃避、遮掩内在焦虑和恐惧的方式——至少这证明他们还没有到山穷水尽的时候。

如果不对理想化的、身体之外的期待彻底失望，人们是很难开始向内探索的。毕竟，自我觉醒其实就是直面内在的恐惧，直面自己的无力，直面不完美的自己。说起来容易，真正去实践的过程是相当痛苦的。

得到与失去

如果说关系有真亲密、假亲密，那么也同样存在着真冷漠、假冷漠，而假亲密和真冷漠对应的就是距离感、被拒绝感。

渴望爱和渴望付出都是人的本能，都是内在巨大的能量。对于冷漠的人来说，这种爱的能量并没有消失，它只是以另外一种让人不舒服且不易被理解的方式出现，那就是拒绝。

佛家说人生有八苦，其中就有“求不得”苦，然而从心理角度来说，得到了还是苦。

因为一旦某种东西或者情感被我们得到或以为得到了的时候，它就会被物质化，而物质最终会消失，即便它不会在现实层面消失，它的力量也会在精神层面消退。

我们都有过这种感觉：当我们特别想买一件衣服、一个包包、一辆车时，购买之前，会觉得买到这些东西将会是最快乐的事情，甚至有人还会暗暗发誓“一旦拥有，别无所求”。但事实是，我们从来没有因为买到了心心念念许久的东西就真正停止再次购买（或者渴望再次获得）的行为。因为不论自己多么喜欢买到手的东西，它的魅力都会慢慢消退。过一段时间，有些东西甚至会让购买者本人都奇怪，自己当时为什么非要着了魔似的买下它——现在看来，它也不过如此。

这其中的奥秘在于，人们想要“得到”的其实不是事物本身，而是我们赋予事物的意义。拥有漂亮的衣服对应的是拥有时尚、美丽、魅力的标签；拥有车子、房子意味着拥有财富、家、温暖、自由。从这些外物当中，人们所获得的精神满足，会让人更加愉悦、幸福。然而精神层面的满足是需要人们不断去体会、重温、感受的。一个内在情感积累很丰厚的人，面对层出不穷的物质诱惑的时候，就不太容易成为一个购物狂，因为他更多的是关注商品对自己的实际意义。反之，一个内在情感很匮乏的人，就会因为无法填补内心的空洞而恐惧，陷入无节制消费购物的怪圈。

究其根源，当我们在成长过程中，所获得的情感极其匮乏，且有限的情感也没能帮助我们获得自我认同的力量时，我们会有一种随时会被抛弃的恐惧。为了逃离这种恐惧，人们就会先下手为强：想要不失去，我可以不得到；为了不失去，我可以先抛弃。

冷酷的关系中没有强者弱者，只有逃跑者和乞讨者

在冷酷的关系中，与其说是强者抛弃、伤害了弱者，不如说是表面的“强者”被自己内心认定的随时会被抛弃的恐惧绑架了，准备“先下手为强”，反而是那个“弱者”，为了能够在这段关系中继续爱的体验而锲而不舍地努力。

强和弱的判断是不能仅停留于表面的。

一对闹矛盾的情侣，女孩很强势，甚至有些霸道；男

孩比较温和，但也是一个很有自己主见的人。两个人相交于大学时代。最初校园恋情的甜蜜美好、纯情浪漫，随着毕业走向社会变得平淡。两个年轻人在事业中都各自有了更多的积累，对待自己、对待彼此、对待生活的差异逐渐越来越大。女孩想将男孩改造成自己想要的样子，男孩想让女孩尊重两个人的不同。经历了将近8年的情感长跑后，他们之间的共识被岁月消耗得所剩无几。于是男孩提出了分手。

女孩说男孩是懦夫，是一个软弱的情感逃兵。男孩说自己是一个勇敢忠于内心的强者，敢于承认有些事情是自己做不到的，也接受不了的。

女孩说自己是强者，不论情感出现什么问题，她都不会放弃。男孩说女孩是一个脆弱的小姑娘，不敢面对自己也是会犯错的事实，所以宁可一错再错，也绝不直面内心的脆弱。

强与弱，在不同的视角、不同的价值观、不同的情感状态中会有如此大的差异。坚持与退缩，强大与脆弱，看似矛盾冲突的特质，却能在一个人身上得到完整体现，真是太不可思议了。如果让当事人自我描述，许多人更容易认为自己才是强大、勇敢、正确的，且一旦有了这种认知，人们就会在自以为正确、强大、勇敢的道路上坚定、持续地走下去。

对于这对年轻人来说，他们的情感关系是僵化痛苦的，彼此也都愿意为这段感情做出更多的调整努力。但我们都知道，很多时候生活不是我们努力就会有结果的，“选择”接受我们做不到一些事情，理解“舍和得”对生活的价值，可以让我们不因为对于某人某事的偏执守候而使自己陷入痛苦，消耗有限的生命力量。当然，能做出这种选择的人，是需要更大勇气的。

这样的选择，其勇气背后潜藏着的不仅仅是自恋或者理想化认知的问题——即我们认为自己是无所不能的，可以改变自己，也可以改变别人；也折射了个人对于“分离”这个概念的真正理解。因为，假如一个人不敢面对分离，或许意味着他的内心认为“分离”等同于抛弃和丧失，等同于幸福的结束。

这就又牵出来一个更深层次的问题：我们的幸福到底是他人赐予的，还是自己可以创造出来的？

对于认为幸福是自己创造出来的人来说，告别一段让自己失去了成长空间、改变空间的情感，就意味着自己离幸福又更近了一步；但是对于一个认为幸福是由某个特定的情感对象带给自己的人来说，分手就意味着和幸福永远告别。

所以这对恋人表面看起来纠结的是谁更忠诚于这段情感，谁是背叛者，背后隐藏的却是他们对于获取幸福的方式的不同认知。幸福到底是靠外在施舍还是内在创造？问题的核心是他们是否有担当和勇气，成为自己幸福的创造者和责任者。显然，这对年轻人中的女孩在面对这个问题时，其认知、勇气和承担力都稍弱一些，所以也更难以接受分手。

现实生活中的两性关系（尤其是冷漠的情感关系）中，表现强势的一方往往在用自己认为正确的姿态，不断给对方造成伤害。

冰冷关系里的巨大情感力量

阿森说："她是一个谜一样的好女孩。我们认识之初，她的冷静、娴静、内向、低调深深吸引了我，我感觉这个女孩很神秘、很安静，不像很多女孩那样黏人，也不像很多女孩那样喧闹。如果说那些女孩是玫瑰、海棠、牡丹，那么我的妻子就是荷塘中的那朵白莲花。”

时至今日，阿森越发意识到妻子的确是莲花，但不是荷塘月色下暗吐芬芳的白莲花，而是冰山上雪径深处的那朵雪莲。两者之间的区别，就是一个是人间珍品，一个是非人间的奇葩。

这个女人永远离生活远远的，离阿森和孩子们（一个女儿，一对双胞胎儿子）远远的。她不拒绝生活中的责任，比如阿森和她说结婚之后想要两个孩子，妻子超额完成了计划，比如洗衣服做饭。但她也从没有真正进入过他们的生活，比如不和家族其他人来往，不会和阿森说心里话，甚至和孩子们的交流也只局限在不得不交流的一些生活琐事上。当孩子都上小学之后，妻子更是再不过问孩子的学习和情感，她自己参加了一些教会活动，大部分时间都在参加教会活动，看书读经。

阿森和妻子参加了一次教会的活动，到了那个地方，阿森发现，妻子居然是骨干成员，人们都很热情地和妻子交流，而妻子呈现的温暖、亲和的样子，是阿森几乎从没见过的。他不明白为什么妻子在家庭生活中和参与的这些教会活动中会有如此大的差异。他也尝试和妻子交流关于信仰的一些话题，他期待这样能够让妻子和自己的关系温暖亲近起来。然而妻子面对自己挑起来的话题，依旧很冰冷地迅速结束。

大女儿现在已经上初中，非常叛逆，永远把自己打扮成动画片当中的一些角色。两个儿子四年级了，除了学习就是上网打游戏。

> 阿森很悲伤地说："还好平时我工作很忙，回家的时间并不多。我觉得要是自己在那个家里待的时间长了，会崩溃的。明明家里五个人，但是回家看不到人影，也没有声音。老婆在房间里看经书，穿着古怪的女儿把自己反锁在房间里，两个儿子更是只和电脑交流。无论我想和谁交流，都没有任何回应。我现在越来越觉得家里阴森森的，而自己什么也做不了。"

冷漠、拒绝的背后是不安全感

人在什么样的情况下会表现得轻松自如？答案是在安全的环境当中。在不安全的环境下，人就会是紧张戒备的状态。

譬如人们到了新的单位、新的学校，刚开始就会很紧张，这种紧张当中有兴奋，也有警戒。再比如人们在自己工作、生活的城市，虽然很熟悉这个环境，但是因为在这个环境当中，赋予自我太多的责任、期待和要求，所以觉得别人总是会盯着自己的言行举止，从而造成哪怕是在熟悉的环境里，也会因为害怕被别人发现自己有弱点，觉得不安全，而时刻处于紧张戒备的状态之中。但是当我们度假时，由于来到这里的人就是来放松的，彼此不熟悉，也没有利益冲突，放下了背负的责任和期待，所以会很放松，甚至会允许自己小小地放肆一下。

阿森的妻子能够在宗教活动中表现出很真诚、热情、温和的状态，而在家庭生活中并不能如此，说明在家庭生活中，她有很大可能是处于紧张、戒备状态的，所以才会让阿森觉得冷漠，拒绝融入生活。

后来在和阿森妻子的交流当中得知，她心里果然压抑着很多悲伤和愤怒，而这些是没有对阿森诉说过的，因为她觉得即使说了也没有意义。

阿森的妻子叫小果，一个听起来甜甜蜜蜜的名字，是她爸爸给取的。小果爸爸是一个普通的工人，脾气温和，非常能干，很爱小果和她妈妈。但人生无常，小果5岁的时候，一场事故带走了爸爸，也带走了小果生命中的芬芳。小果妈妈是一个家庭主妇，没有了丈夫的经济来源，孤儿寡母是没有办法生存的，于是来不及擦干泪水，小果妈妈就再婚了。继父对小果虽然没有打骂虐待，但也并不亲近，尤其是他和妈妈又有了自己的孩子之后，小果就更像是这个家庭里闲置的一件旧家具，可有可无地摆在那里，有时候觉得碍手碍脚，有时候也有点用处。

小果的笑容好像也随着爸爸的去世而消散了。她闷头学习，等待着离开这个家庭的那一天。

后来她考上大学，认识了阿森。她觉得阿森很好，让她好像闻到了爸爸身上温暖的味道，她非常开心自己能够遇到阿森。甚至在无数个夜晚，她和天上的爸爸对话的时候，感谢爸爸把阿森送到了自己身边。然而，幸福并没有延续多久。当他们快要结婚的时候，阿森带小果去了他家。阿森的爸爸是位画家，妈妈是位诗人，两个人在各自的领域都有很高的知名度。阿森其实早就委婉地和小果说过自己的父母比较高冷，他小时候就觉得父母是高高在上的，而他自己有一种被碾压的压迫感，虽然家里很平静，却不温暖；父母和他和谐相处，但不亲昵。

小果在未来公公婆婆眼中没有看到平静与和谐，她看到了冰冷的礼貌背后是对自己的不屑。小果也想改变这样的关系，想要做得更好，让公婆对自己另眼相看。但是无论她怎么努力，都感觉自己不像是这个家庭的儿媳妇，而只是一个有些脸面的大丫鬟。公婆对自己抚养孩子的方式也不怎么认同，她实在受不了那种无声的蔑视，为了避免被公婆数落，渐渐地发展成她在自己孩子的成长中不怎么参与，不亲热，点到为止。

小果数次和阿森诉说自己的感受，但阿森总是说她想多了，父母不是那样的人。后来，小果也不想说什么了。曾经的美好对于她来说，或许都只是她的想象，现实就是痛苦、悲伤的。

这样的情况直到小果和宗教相遇才有所缓解，她突然感到了温暖、接纳、尊重、信任，曾经和爸爸在一起的所有美好的体验，在教会当中她都能够再次获得，所有和阿森最初那些短暂的开心快乐，她也能够在信仰中获得。

小果说她终于找到了让自己活下去的方法。

每个生命的内在智慧都会促使他找到活下去的方法，小果认为冰冷的生活压得她无处遁逃，最终她从信仰那里找到了庇护；小果的孩子们认为自己的妈妈像冰山一样冷漠，所以他们宁可活在虚拟的动画角色中，活在虚拟的网络游戏中。他们都各自找到温暖，并从中获得了活下去的方法。但是这样的状态能够持续多久呢？

阿森所感受到的家庭成员之间的冰冷关系背后，其实都压抑着巨大的情感能量。只不过，这个能量用爱、温暖、尊重、信任、支持的良性的释放方式呈现时，没有得到积极恰当的回应。久而久之，人们就会以很痛苦的方式体验到巨大的情感能量。

而阿森，一个忙碌得几乎不怎么着家的男人，到底是因为事业的忙碌不得不远离家庭，还是因为来自太过优秀的父母的压力不得不让他在外面过分忙碌？这个问题就留给阿森和读者朋友们自己去思考了。

成长的印痕

人们成长当中的美好与遗憾、幸福与悲伤往往会为成年后如何为人处世、待人接物打下基础。成长的印痕在人们长大后面对婚姻时影响更为巨大。我们需要做的，就是觉察出到底是哪些印痕让我们快乐幸福，哪些印痕使我们深陷悲伤痛苦的怪圈。

小硕是一位刚刚做妈妈的可爱女孩，在她坐月子期间，父母来帮助照顾的时候，丈夫却离家出走失联了。

这不是丈夫第一次离家出走。在没有宝宝前，如果两个人有矛盾、争执，丈夫也会突然失联。

两个年轻人是初中同学。小硕是一个快乐幸福的女孩，被爸爸妈妈宠爱，学习成绩优秀，老师同学也喜爱她。小硕的丈夫小名叫石头，是班里那个让老师头疼的刺儿头。他的爸爸外出打工，无暇顾及儿子的成长；妈妈喜欢打麻将，刁蛮自私，对儿子也几乎是不闻不问。

于是公主爱上青蛙王子的童话桥段上演：内心善良、不谙世事、拥有很多爱的美丽姑娘，会对身世可怜、缺乏关爱、被家和社会抛弃的帅气男孩充满呵护，有拯救他的欲望。

在我们身边就有很多例子，女孩认为自己能够拯救一个即将迷失的灵魂，从而不顾家庭反对，义无反顾地嫁给爱情。但多年之后她们才恍然发觉自己已经被对方的暴力、酗酒、赌博等行径弄得伤痕累累。

但是不论有多少前车之鉴，年轻人对待爱情依然是那么义无反顾。

不记得是在哪一本书里看到过这样一句话：“走自己的路，不论道路多么崎岖坎坷，但我会坚定捍卫自己选择过什么样的生活的权利。”

这或许会付出很惨痛的代价，但也好过丧失自由选择，成为被别人安排、貌似生活幸福却永远长不大的孩子。

为自己的选择承担责任

小硕也同样是这样的自由选择权利的捍卫者。

人们在年轻的时候都很难意识到，成长环境（模式）对于一个人抗挫折的示范作用会是多么巨大。

石头的成长环境是，遇到家庭问题时爸爸是习惯性消失的，妈妈是冷漠回避的。一个生命在这样的模式里成长，如果他不去觉察这些问题对家庭和自己的伤害，那么他习得的应对问题的方法，几乎就是父母模式的翻版。

所以虽然石头非常爱小硕，也很珍惜这个女孩带给他的所有美好生活体验，但当一些生活问题、矛盾出现的时候，他害怕失去这份美好，面对这样的问题，没有更好的解决方法。这个时候，石头认为选择冷漠地消失，就不用去面对这种恐惧了，他认为时间会成为解决问题的好方法，于是这就成了他面对冲突时的应对模式。

小硕认为自己的善良和爱就能够拯救一个失落灵魂的自恋；石头内心的自卑、对于亲密情感关系丧失的恐惧，以及对于亲密关系冲突的无力感，都是他们需要去自我觉察的方向。如果这些问题两个人都不能觉察，那么旧事重演，他们还会一次又一次地受伤，直到内在智慧被唤醒。

很多人会反驳："只是觉察就有作用吗？我需要的不是觉察，我需要的是解决的方法。"解决问题的方法都是有针对性的，当人们并没有认识到真正的问题的时候，即便旁观者清，告诉了他方法，他也不认为是自己的问题，认识不到问题的核心。那即使旁人告知的方法再绝妙又有什么意义呢？

我们在生活中总是会遇到很多人，他和你倾诉，请求你给他想办法解决问题，但是当你真诚地、搜肠刮肚地给他提了建议之后，对方要么会说"事实真的是这样吗"，要么会说"我觉得你说得都对，但那不是我的问题"，要么会说"这个建议太妙了，可是我不知道怎么才能做到，它好像不适合我"。然后善良的你只能再次给他想另外一个解决办法，又再次被类似的招式挡回来。

其实不是你的方法不对，而是你认为的问题对方却觉得那不是问题，或者你认为问题首要的责任者、需要更为主动的改变者是对方，而对方并不想承担这个责任。

所以自我觉察是非常重要的改变问题的关键，它甚至超越了所有方法的重要性，因为人们的内在智慧，加上人们现在所拥有的如此发达的信息渠道，让人们的认知变得相近。大部分的问题之所以会出现，不是因为他不知道，而是因为他不想那么去做。

只有觉察才能够让一个人的问题获得根本性的改善，否则即便他接受了你的方法，应付了那个问题，但根源性的恐惧没有消失，它就会以其他问题的方式再次出现。

我们成长当中的创伤，更有可能以问题的形式出现在我们成年之后的生活中。这就更加需要我们深挖问题背后自己的恐惧。

冰冷的逃避或者假性亲密关系都不是能让我们消除恐惧的方法，但它们也的确能够在我们没有主动完成自我觉察，不肯面对自己内心最深的伤痛的时候，看起来暂时地解决了问题。但这些方法属于巧妙的隐蔽，它也不会让你在灵魂深处感到安全和力量。因为那个孤独的、受伤的小孩，一直在人们内心深处，没有被看见，更没有被治愈，虽然每一个人的潜意识都知道自己内在的那个孩子就在那里，一直在执着地等待被看见、被拥抱。

我们怎么能忍心视而不见呢？

时刻享受着现在，也时刻准备着面对变化

亲爱的神啊，可以等我准备好吗……

等我准备好，我就开始恋爱；

等我准备好，我就会结婚；

等我准备好，我就去工作；

等我准备好，我就要小孩；

等我准备好，我就停下工作去旅行；

等我准备好，我就会开始；

等我准备好，你再离开；

……

生活，请你等我准备好再开始可以吗？

……

然而，无论我们多么渴望一切尽在掌握中，大自然却告诉我们这不能实现。

就像春天的第一片绿叶，不会等雪花准备好离开的时候，才会出现。

我们已经臣服于千万年的日月流传，我们无法做好任何准备，让最后一片常青藤的叶子落下。

（注：这个典故来自美国作家欧·亨利的小说《最后一片叶子》。讲的是一个女孩身患重疾，她认为当最后一片常青藤叶子落下的时候，也就是自己死亡的时候，一位老画家在女孩病房的窗口，不断为她画最后一片叶子的各种样子，但不论叶子怎么枯萎就是不会落下，女孩因此也重燃生命的希望，最终痊愈。而老画家却身染重疾去世。在此，常青藤最后一片叶子隐喻“死亡”，让常青藤最后一片叶子落下隐喻接受死亡。）

我们能够接受，不论太阳是不是看够了这个世界，月亮的升起就是一件自然要发生的事情。对于月升日落，我们都会说，这就是自然的规律，没有什么可以阻挡自然的法则。

面对自己的生命，随着年龄的增长，我们也越来越知道，无论我们怎么努力，怎么认真地挽留，怎么坚定地拒绝，该来的不会因为自己的喜好而欣然前来，厌恶的也不会因为自己的恐惧而驻足不前。

是的，这就是人生。

真正重要的事情，往往是我们无法选择和控制的。

比如，生、死；

比如，幸运、倒霉；

比如，健康、疾病；

比如，爱、不爱。

“死亡”恐惧可以拯救我们

我曾经总是会有莫名其妙的身体疼痛，我找到了一位很好的按摩师，他神奇的双手，能让我的疼痛在短短一个小时内消散。我很庆幸自己拥有这样一位按摩师，有这样解决痛苦的很好的方法。

春节前一周，我去按摩的时候，他声音里透露出三年没有回家的无奈和即将回去的兴奋，他明明已经订好了三种回家的交通工具：飞机、火车、拼车。但他却用一种好像很不屑和不得不回去的无奈，掩饰着对家乡的思念和回家的喜悦。

我问他何时回来，他说："没有计划，等待够了就回来。"

我说："听起来好像你不打算回来了。"

那个30岁出头的男人，在黑暗中笑了，很爽朗。他是一个仅有一只眼残存微弱视力的残疾人。他说："不会的，我要是不回来，您疼得受不了，还怎么给别人做心理治疗呢！"

正月十六，先生给按摩机构打电话问我的按摩师的归期。按摩店老板娘和我们很熟悉，她给我先生回电话说，我的按摩师不会回来了，他心脏病突发，去世了。

当时听到这个消息，我只是想：我身体还没好，还会疼，我都还没做好不需要他的准备呢，怎么会这样？

如今，写这篇文章的时候，再次回想起来，泪水模糊了我的视野，我几乎看不清屏幕上的字了。

我还没准备好，你怎能离开！

我的悲伤不仅仅是因为这个男人的死去。

他和我闲聊的时候，我知道，他小时候是一个健康的孩子，15岁的时候家里穷，爸爸才逼着他去学一门手艺——盲人按摩。

他不喜欢做盲人按摩，因为他看得见，他不喜欢周围的同学、老师，他们都是有视力障碍的朋友。但他很有天赋，很快就成了那个地区、那个城市，乃至那个省份里都受人敬佩的按摩高手。

他的爸爸还用了不太合规的手段，给他办了假的残疾证，又给他开了一家按摩店，一切都通过他不喜欢的方式顺利地进行着。

然而19岁的时候，命运给他开了一个很残酷的玩笑，他在给我按摩的时候，笑着说："命运好像特别怕我失望，所以让我梦想成真了！"

他因为车祸，成了真正的视力障碍者。

或许，苦难是一个人锻炼抗压能力的最好训练场。

从小艰难、贫困的生活，让这个男人接纳了现实，走过了从光明世界到昏暗世界的旅程。他有手艺，能赚钱。对很多人来说，这或许比拥有明亮的眼睛更为重要。于是他结了婚，生了女儿。一切并没有因为失去视力而随之失去。

在他25岁时，当生活终于被这个不幸而坚强的男人打理得有些快乐的味道时，他的爸爸在春节期间的一个下午，就在他面前，软软的，轰然倒下——心梗猝死。

当时我说："你看着一切的发生，会不会对自己不能做得更多有怨恨？"

他说："那倒不会。因为我自己的经历让我知道，我们什么也不能选择，只能在当它发生的时候，选择如何面对，比如我的眼睛，比如我爸爸的死亡……"停顿了一会儿之后，他又说："只是，我其实还没准备好。"

他和他爸爸在一样的节日，以同样的方式离开了。只是他还那么年轻，那么多苦难过去了，眼看就要苦尽甘来……他还没有准备好。

我不知道，命运到底是以什么为依据来决定一个人的人生的。

快乐好像总是转瞬即逝，苦难却好像潜伏在身旁，如影随形，伺机而动。

这个男人的妻子带着孩子，生活在南方一个容易赚钱的城市。他说，妻子娘家以前很穷，或许因为穷怕了，所以他们对于他的钱的需要，比对于他这个人的需要更多。

我不知道这是不是真实的。如果是，那也不能说谁对谁错。

一个人认为自己仅仅是活着，就已经筋疲力尽的时候，还能有多少力量，去品味爱的芬芳呢？

那时候的爱，没有消失，而是沉甸甸地融进了赚来的每一分钱中；

那时候的爱，是在每一次按出电话号码来，又因为话费太贵，而删除的沉默中；

那时候的爱，是在每一个孤独无眠的黑夜，数着夜空中的星星来消遣的傻笑中。

那份爱，或许是未走到黑暗深处的人无法解读的。

我们在对自己非常重要的大事上，是没有拒绝的权利的，命运有时候很善良地呵护着你；有时候却残忍得像是魔鬼，在玩弄你的恐惧、泪水。

很多人会悲观，不知道在这样不确定、不安全的命运旅途当中，我们为什么活着。

我们唯一能把控的是面对无常时的心态

我以前也总是思考人活着的意义。但是现在发现，人活着最大的意义就是——你可以有机会体验，一切都是处于变化过程中的奇妙。

有一次我坐出租车，路途比较远，司机大哥给我讲述了他的故事。

他说自己曾经赶上了发展的好时候，人们都热衷买房子、装修房子，于是那十来年他做木地板生意，赚钱就跟捡钱一样。在2007年他就有了500万存款。那时候突然有钱了，人也飘了，觉得自己有能力、有脑子，干什么都能成。于是就把500万元投资到一个大型实体项目中，然而没想到发起这个项目的老板因为非法融资被抓起来了，自己的钱早就被那个老板拆东墙补西墙地弄没了。

钱来了，钱走了，一切发生得太快了，快得他完全没有准备好。眼看着自己辛苦赚来的血汗钱就这样消失，他无法面对两个幼小的儿子和全职在家带孩子的妻子。他想到了自杀。还好被赶到现场的民警、消防员和家人从楼顶上劝解下来，痛定思痛，他决定脚踏实地重新开始。家人东拼西凑给他买了一辆出租车，于是他干起了出租车司机的行当。

现在十年过去了，他的大儿子在读研究生，小儿子上了重点高中，妻子勤俭持家，自己现在居然又有了20多万的存款。日子过得虽然没有以前那么跌宕起伏，但是却比以前赚大钱的时候更加平实幸福。

我问司机大哥："你已经准备好接受现在这样的幸福啦？"

司机大哥给了我一个非常智慧的答案："生活哪有什么准备好，踏踏实实地过每一天，别太失望，也别太渴望，时刻享受着现在，也时刻准备着面对变化。"

是的，在我们的人生体验中，感受到自己力量时有之，无能为力时有之；感受到生命美好、充满智慧时有之；感受到被欲望、情感蒙蔽而变得愚蠢、丑陋时有之。所有的体验汇聚起来，就是人生的意义。

活着不需要追问意义，生命本身就是一次奇迹。

人生无常，我们能够把控的只有我们面对无常变化时的心态。

准备好再开始，只是我们太过美好的一个幻想。

我们没有准备好，是我们不敢面对失去；不敢面对自己或许没有期待的那么好；不确定我们是不是能够承受突如其来的一切。

生活，永远不要等准备好再开始，当然，它也不会给我们选择的特权。

现在我知道了，所谓的准备好，其实很简单：来吧，什么结果我都能面对，我不怕！

我的按摩师曾笑言，我如果总是好不起来，他这个神手也太有挫败感了。

好吧，因为我没有准备好失去你，所以当你猝不及防地离开之后，我向你保证好好地锻炼身体，尽可能不再出现莫名其妙的疼痛。我将以爱护自己、保持健康的方式，向你表达最诚挚的敬意。

Chapter 6

自我的建构——你的世界总是出现你需要的素材

我们无法拯救悲伤的父母，父母也无法拯救痛苦的我们。每个人都是——也只能是——自己的拯救者。在家庭当中最大的忠诚，就是每个人诚实、勇敢地忠诚于那个并不完美的自己。

外面没有别人，只有你自己

生活中，人们逐渐对相同行为方式背后所代表的情感有了更多的了解。但人们经常会发现，对于这些行为的解读，或许和行动者没有什么关系，而只和解读者的心境有关。

一个第一次偷东西的人走在马路上，他会觉得大部分人看他的眼神都洞悉了他的行为，这令他十分紧张，哪怕旁人只是一个善意的微笑，他也会解读为是想让他放松警惕，或者干脆就是嘲笑。

内心孤独的人，哪怕身处充满欢笑的环境，四周是可爱的孩子和美丽的女人，他也只会觉得这些笑声特别奢侈，且完全与他无关；而一个沉浸在爱情中的人，哪怕行走在沙漠里，也会因为地上的反光而感叹沙子和阳光的相遇是多么地温情浪漫。

是的，这个世界到底是什么样子，没有人能够给出一个确定的描述，它既是所有的物质和现象的综合，也是每一个生命内心独特的体会和解读。

我们从来都是只和自己在一起。这一生当中，所有我们经历的事情，看过的风景，接触过的生命，除了我们自己之外，它们在其他人的世界里或许从来没有真正地出现过。孤独才是人生的本质，认识到这一点，我们是多么地无奈和悲伤。

为了拒绝和逃避这种孤独，人们用尽所有的生命力量遁入物质世界和情感世界。有些人接纳了生命的真相之后，再次去看这个世界时，会发现人们行为和声音之外的美，会看到语言文字下面隐藏的震撼。而这些美的本源和真理，却是无法具象描绘的，于是诞生了音乐、诗歌和绘画，有了艺术和哲学。

少数人到生命结束的时候，会发现这一世是自己和自己的一场游戏，这两个自己都那么深刻地存在于每一个人的内心深处，它们从未停止过对话。一个自己是我们生命本身赋予的，一个自己是我们的成长经历赋予的。

你羡慕嫉妒恨的，是活在过去和未来的自己

我们每一个人都有和当下的自己有些差异的另一个“我”，大部分时候，他以过去和未来的方式出现在我们的生命中，以嫉妒和厌恶的方式投射于他人的身上。

在人际关系支持团体工作坊中，一个38岁、容貌姣好的职场女性怯怯地诉说着她的烦恼：“其实我小时候很喜欢唱歌跳舞，幼儿园和一年级的时候，我还在学校的联欢会上表演过，但现在我都不太敢在别人面前大声说话。我看到单位和我差不多年纪的其他女同事在公司里说说笑笑，大家都喜欢和她们聊天，我特别羡慕。尤其看到那些女同事需要帮忙的时候，都不用开口请求，就会有男同事出手相助，我觉得心里酸酸的。”

这时候有团体其他成员搭腔说她这是嫉妒。

怯怯说话的女人停顿了一会儿，回应道：“算是嫉妒吧。我也挺想那样的，但我做不到。不过有一种同事我绝不是嫉妒，而是讨厌。我们单位有一个女同事特别会撒娇，尤其是在有领导、前辈在场的时候，她特别自然地就开始撒娇，把那些领导和前辈都哄得很高兴。我一点儿也不嫉妒她那个样子，而是觉得撒娇很恶心、讨厌。”

这时候团体其他组员再次搭腔说：“你这就是嫉妒的最高级别——恨。我就不信你不想被领导和前辈喜欢。你讨厌那个会撒娇的女同事是因为她可以得到的东西，你也想要，但是你得不到。”

怯怯的女人再次停顿了很久，之后，用几乎只有空气才能听到的声音说：“或许是吧，我希望有一天，因为我的努力和成绩，他们也会喜欢我、重视我。希望有一天我是那个样子的。”

那个能歌善舞开朗的女孩，那个会和领导、同事搞好关系而被大家喜欢的女同事，活在怯怯的女人的过去和未来当中。而那个人，正是这个女人生命中原本的自己。

人们认为自己应该是什么样子的，那个“应该成为”

的样子，就是我们的生命对于自己的一种真实的认识。“那应该是我的样子，本应该是我拥有的（品质、状态），只是我现在还没有拥有”。

人的心理有一个很神奇的自我平衡系统，当人们认为有些东西是自己值得拥有、应该拥有但还没拥有的时候，人们会生出向往且愤怒的情绪。随着这种情绪浓度的变化，会呈现出对于这种东西或者品质、状态的羡慕、嫉妒、恨等不同的情感。但如果喜欢的这个东西或者品质、状态和自己差距非常巨大，大到遥不可及时，人们就会产生欣赏、接纳、崇拜、尊重的情感。

和孩子打交道的时候，你会发现很多小姑娘嫉妒公主，因为每个女孩内心都觉得自己是一个小公主，但是小姑娘会崇拜一个超级歌星，因为她认为万众瞩目的明星角色和自己是没有关系的。

人们会嫉妒一个出身很好的人，但人们不会嫉妒拥有大智慧的伟人。

可以说，人们内心对于自己应该拥有的，或是无论多好都与自己无关的东西，是有一个很微妙的自动识别系统的。健康的、美好的、幸运的、富有的、聪明的、有才华的等等状态、品质，在人们认识之初，会觉得是自己与生俱来的；在成长过程中，人们会修订自己的认知，不再认为某些东西是自己与生俱来就应该拥有的，这是我们对于现实的一种接纳。但有些人依然会执拗地认为别人有的我也应该有，这种状态就是对现实的我的一种否定。

这样的执拗，在一个人对自己评估恰当的时候，会成为一种推动力。比如我这次谈恋爱失败了，但我应该是一个有资格获得幸福的女孩，所以我不会气馁，不会自卑，我会收拾好心态，重新开始，等待迎接新的感情的到来。

但如果一个人对自己的认知超过真实的自己太多，那么这种执拗就会使他滋生一种病态心理，这样的人无法接受真实的自己，从而让自己活在愤怒当中，觉得自己没被公平对待，是被亏欠的、被迫害的那一方。

对于自我的初始认知，人都会觉得自己是美好的，应该拥有美好的资源，这是对自己的美好期待，也指明了自己努力的方向，但那毕竟不是现实生活中的自己。

对于自我的认知，大多数人是不会停留在自恋的理想化期待当中的。因为随着成长的经历丰富，人们会逐渐发现真实的自己。

俄狄浦斯期冲突——对于父母的忠诚

可是到底什么样子的“我”才是真实的呢？就像刚刚那个怯怯的女人，现实当中那个怯怯的她不是真实的她。

这个女人叫芳芳，她出身于北京一个普通家庭。真实的那个她能歌善舞，渴望和别人友好温暖地相处，获得别人的喜爱；而现实中，她却是一个怯懦、不敢表达自己、时刻充满恐惧紧张、很难和别人相处、几乎没有朋友、家庭关系也很紧张的人。

是什么样的成长经历塑造了她现实中的样子，让芳芳在生活中，在她自己和别人的感受中成了这样一个和真实的她有这么大差异的女人？

很多朋友会说这和不恰当的家庭教育方式有关，和父母有关。

这当然是不可回避的一些原因。就像我之前说的那样，我们总是通过父母对待自己的方式和评价来完成对于自己的认识。

但除此之外，人们自动放弃真实自我，成为被动由生活塑造的“我”，很大程度上是和自己无意识中做出的选择有关的。

芳芳的家庭其实不是很特别，父母分别是工厂的小管理员和街道办事处的普通职员。他们的性格都属于老实本分但偶尔又不失小市民狡猾的那种类型，有正直善良的一面，也有一定程度的自私。夫妻俩自己没有太多的文化，对芳芳也没有太高的期待，就是希望芳芳能够平安健康地长大，找个能糊口的工作，结婚生孩子过平凡的一生，因此他们对芳芳的教育管理方式也有一搭无一搭，浅尝辄止。

按照我们常见的案例，这样的家庭没有高标准、高起点、高期待带来的高压力，成长应该是一件快乐轻松的事情，可芳芳依旧在她成年之后的很多人际关系当中表现得力不从心。

如果说芳芳的成长中有什么问题，那芳芳妈妈的出身或许是这个家庭最大的阴影。

芳芳的妈妈是母亲被流氓强奸后怀孕生下来的孩子。在那个年代，有这种惨痛遭遇的女人，她们的灾难并不会终止于罪犯施暴结束，随之而来的生活中的流言蜚语、人们的歧视，甚至带有更大恶意的行为都将会是这些女人无休无止的灾难。芳芳的姥姥遭受不幸后，因为害怕没敢告诉大人，从而错过了终止妊娠的最佳时机，当孩子不得不生下来之后，姥姥又拒绝家人提出的将孩子淹死、送人等建议，以命相逼地将芳芳的妈妈留在身边抚养长大。姥姥甚至因此永远被家族扫地出门，再也没有恋爱和结婚。

但芳芳的妈妈并没有因此而幸福地长大，这不仅是因为社会畸形的价值观和丑陋人性的双重压迫，还因为芳芳的姥姥对自己用贞洁、生命为代价保下的孩子，并没有做到温和以待。

芳芳的妈妈从小就被姥姥打骂，骂她是灾星，说她毁了自己的一生。我想人们很难理解为什么会出现这样的结果——毕竟当初是姥姥自己选择拼命留下孩子的。但是对于大部分人来说，人们潜意识里早就接受了生活的荒诞性，所以生活是用来过的，不是用来理解的。

我们无法还原姥姥当时坚持留下孩子的心理动机，但或许当时她是怎么想的也没那么重要。总之，芳芳从小看到妈妈的生活状态虽然是平静的、稳定的、安全的，但是她从来没有真正地快乐过，也从来没有理直气壮地活过。妈妈永远像是一只刚从被狼追逐的噩梦中醒来的小兔子，她在别人看不见的时候就已经惊慌失措。

芳芳说她记得很清楚，小时候自己的每一次开心大笑都会吓得妈妈一哆嗦，妈妈从来不知道她在笑什么，只是紧张地观察女儿的笑声会不会引起别人的不满，会不会引发莫名其妙的危险。所以后来她不再大声笑，甚至不再笑。“笑”是一件多么奢侈的东西，妈妈没有，如果她笑了，那对妈妈将是多么大的背叛；自信是多么奢侈的状态，妈妈没有；唱歌跳舞是多么奢侈的行为，妈妈没有；朋友是多么奢侈的关系，妈妈没有……

很多朋友小时候都有过是和小伙伴出去玩，还是在家里陪伴孤单的妈妈的纠结；很多朋友都有过想起父母省吃俭用而自己挥霍浪费的自责；很多朋友开心快乐地谈恋爱时，眼前却不由自主地浮现爸妈在家里开着电视却关了声音的寂寞画面；很多朋友都有过给父母寄了很多钱，但父母依旧为了省五元打车钱拎着大小包裹走三里路的愤怒……

这样的画面，这样的记忆，想必许多人都不陌生，也正因为如此，人们在有能力享受快乐时，也变得不能理直气壮。心理学中把这种现象叫作俄狄浦斯期冲突，指的是人们对于超越父母的部分所产生的恐惧和不安。从情感、人性的角度来看，人们称其为对于父母的忠诚。

孩子总是忠诚于父母内在最强大的力量

孩子总是忠诚于父母内在最强大的力量，而并不去辨别这种强大的力量是建设性的，还是破坏性的。

一位企业女高管，强势、勤奋、聪明，她有着很好的社会地位和经济收入，丈夫是大学教授，有一个7岁的女儿。这位女士内心最大的力量不是来自她所有的优势和创造出来的成绩，而是来自努力遮掩她认为“没有过硬高学历”的缺点。

这位女士高中没有读完就辍学了，经过自己的努力打拼在外企获得了一个职位。在那样一个人才济济的环境里，她越发觉得低学历的自己是那么地匮乏，很长一段时间，她觉得身边的人都在嘲笑自己。经过努力，她参加了成人高考，完成专科和本科的学习，并通过了所有的考试。当她终于拿到大学毕业证的那天，她深深地长出了一口气。但这样的喜悦在不久之后一次和外公司谈判的茶歇中被打散了。那天茶歇，人们聊起大学生活，有几个同事发现彼此居然是校友，于是原本的谈判双方一下子友好了起来。这位女士很兴奋地告诉他们，自己也是他们的校友。大家兴奋热情地询问她是哪一届毕业的。当大家听到她是自考毕业的时候，原本热情的态度褪去了很多。

我不知道当时真正的场景到底是什么样子的，但这位女士告诉我，她看到的就是惊讶之后的不屑、嘲笑、鄙夷。从那之后，她再也没有和别人谈论过她的学历。虽然很多人都知道通过成人自学考试获得大学文凭是一件非常不容易的事情，但她再也没提过这个在我看来很值得骄傲的事情。

这位女士非常害怕人们讨论任何和学历有关的事情，在她内心这已经不是她人生的遗憾，而是一个羞耻，一个终身都无法修正的恐怖的羞耻。她给女儿花钱进最好的幼儿园，请最好的家庭教师，找最好的艺术学习机构，为了让女儿进北京最好的小学，她不惜付出巨额首付，斥资购买了最好的学校边上的学区房。为了不在教育上耽误女儿，她还专门学习了儿童心理学、发展心理学，参加了很多与孩子成长、教育相关的团体工作坊。她自认为从对待孩子的方式，到外在的物质条件，都已经给予了孩子最好的配置。

然而女儿却让她极其失望。

在这位女士看来，女儿非常脆弱，不爱表达，一说重话她就只会哭；学东西非常吃力，自卑，注意力不集中，贪吃导致有些肥胖。而这些都是她绝对无法接受的。她不明白为什么女儿会这么不争气，难道真的是因为自己其实很平庸，孩子的状态是自己的基因导致的？

当这位女士用这些话语描述自己的女儿时，我看到的是她在描述自己内心那个悲伤、脆弱、自卑的小姑娘。她女儿今天呈现出来的所有状态，何尝不是她一直深深隐藏的感到羞耻的自己呢？

我总是惊讶于人们对于自己内在智慧的发现。孩子总是能够穿透父母光鲜亮丽的外表，看到父母内在那个他们自己都不敢正视的小孩，并且忠诚地去呈现父母内在小孩的状态。

往往是作为父母的大人，无法接纳自己的内在小孩，他们越是对其打压拒绝，孩子就越容易把内心那个恐惧逃离的内在小孩呈现出来。

反而当父母没有用自己最大的力量去拒绝和逃避时，孩子就越能实现对父母内心恐惧逃离的那部分的超越。

父母的人格状态、婚姻关系，对于一个人的自我认知、行为模式有着巨大的影响。人们往往会因为父母破败的自我认知和混乱的婚姻关系，让自己深陷原生家庭的影响而无法自拔，甚至不能开始正常生活。更有甚者，人们会复制原生家庭糟糕的模式，来试图完成对父母的忠诚和拯救。

这种忠诚是孩子给父母的礼物

对于父母来说，孩子忠诚于父母内心强大力量的能力，会成为父母看见自己最真实样子的机会。这是父母从没意识到的孩子给予自己的礼物。

当孩子呈现出来的是我们内心摒弃的“我”的时候，我们通过对孩子的缺点、不足的理解、接纳，来完成对自己内在恐惧的理解和接纳；通过对孩子成长的陪伴来完成自己内在的成长和修复。

但对于孩子来说，这样的成长过程并不会让自己更加快乐、轻松、自信。

孩子在成长过程中，随着内心对于父母最大力量的忠诚，原本理想化的自己逐渐消失，真实的自己也被包裹在因对父母的忠诚而塑造出来的当下的自我之中。

人在成长过程中，倘若认同了父母内心的恐惧，成了父母最不希望成为的样子，渐渐地也会认为那就是真实的自己。

在重男轻女环境里长大的妈妈，如果在婚姻当中遭遇家暴，她就会恐惧没有人珍惜、爱护、守候自己，那么她的孩子就会慢慢丧失独立性、顽劣不堪、自私、被社会边缘化、人际关系很糟糕，最终成为一个离不开妈妈的人。

30多岁的男人（孩子）认为自己就是一个不孝的逆子。他有一个在大家庭当中没有任何主见，可以被家里所有亲人批评的弱小的妈妈，爸爸是个性强势的工作狂，而妈妈则全心全意地崇拜着丈夫，甚至忽略了儿子渴望被关注的需求。儿子抑郁、自卑，对恋爱没有任何兴趣，不工作也不做家务，虽然已经33岁，但依旧像一个六七岁的任性的孩子，希望获得妈妈的欣赏和尊重，执拗地纠缠在和妈妈的关系里，不断地表达着自认为很重要的观点和生活技巧。他认为自己很重要、很智慧，自己在妈妈的生命当中是唯一、重要、不可缺少的人。

一位很成功的建筑公司的老板，出身贫困，小学没毕业，不爱说话，很少和家人交流，认为自己除了有钱之外一无所有。而他25岁的女儿最大的心愿是做一个无所事事的混混。

一位酗酒家暴的父亲，儿子发愤图强，大学毕业之后创业，每次事业达到一个巅峰状态的时候，儿子总是会做出一些冒进的行为，导致一切都要从头开始，虽然儿子现在依然充满斗志，但脾气日渐暴躁。

一位父亲经历过家庭从巅峰到谷底的变故，看尽世态炎凉，小心谨慎地活着，他成年的女儿则无力、卑微、紧张地活在抑郁症中。

在我的工作当中，太多这样的家庭案例出现在我面前，孩子总是在现实中呈现出父母内心最真实的对自我的认知，并且孩子坚定地认为这个状态就是真实的自己。

但这真的是孩子真实的样子吗？还是说他只是在现实中表现出这个样子？如果这是真实的他，那么这个人的内心就不会有无法言说的痛苦和不安，不会有那么多内心冲突。

人们一方面在现实当中执行着来自灵魂深处的对于忠诚守候的指令，一方面又难抑对于远离了真实自己的失落。

我们可以找出很多心理学理论来完成对这些案例的解读，其中，生命本能中对于创造者的忠诚，也是人们生而拥有的能力，在人们心甘情愿地放逐真实自我的过程中起到了重要的作用。

忠诚是一种本能，甚至是爱最核心的部分。

这个忠诚不是狭义的服从、跟随、复制、重复，而是忠诚于生命创造者（父母）内心最强大的力量，并不遗余力地完成对这个力量的呈现。哪怕这个力量是具有破坏性的，是让人感到恐惧、痛苦的。这个忠诚绝对不是对灾难的忠诚、对恐惧的忠诚，它是对父母内心最大力量的忠诚。

一位拾荒的孤寡老奶奶，虽然是一位拾荒者，很穷、很孤单，但是她住的地方干净整洁，捡来的塑料花洗得很干净，摆放得体，捡来的毛绒玩具，在简陋的房间里坚定地诉说着老人内心的骄傲。老人捡垃圾的时候捡到了一个有残疾的小姑娘，没有血缘关系的祖孙俩开始了相依为命、清贫、简陋但并不缺少温暖和欢笑的生活。这个小姑娘长大后成了残奥会冠军。

一位父亲被命运夺走了所有的亲人和财富，带着唯一的儿子颠沛流离，虽然生活没有出现只要努力就会迎来美好生活的桥段，但这位背负着失去亲人悲伤的男人，背负着巨额外债的男人，从没有放弃过努力，他对儿子常说的话就是：努力不是因为那个结果会带给人力量，而是努力本身就是力量。儿子考上了中国最好的政法学校，成了一名优秀的法官。

一位不识字的女人，独自带着7个孩子生活。她教育孩子贫穷不是错误，偷窃、懒惰才是错误。她缝缝补补，洗洗涮涮，乐观坚强，赢得了街坊四邻对这个家庭的尊重。7个孩子中4个考上了大学，年龄小的3个因为那段特殊历史时期的社会动荡而没能上大学，但7个孩子都快乐健康地生活着。

这些孩子也在忠诚于父母内心最强大的力量，但是这种力量却是有建设性的、乐观积极的。

你影响孩子的力量是毁灭性的还是建设性的

力量只是对内心信仰的一种描述，这个信仰无关宗教，而是人们内心的执着坚持。孩子对于父母的忠诚，就是忠诚于父母的内心信仰，并呈现出这种信仰的样子。

当内在力量是积极的、有建设性的时候，孩子形成的现实自我就会靠近内心真实的自己，不需要躲避，也不需要隐瞒什么，是对于美好的自己的坦然接受，对于不完美的自己也认同接纳。简单来说就是呈现自己的真实状态，是在建设自己，成长自己，为自己的人生而忙碌。

而现实中很多人并不能做到为自己而活，因为人们要忙着拯救、唤醒、陪伴自己最爱的人。

当人们忠诚于父母内心最大的力量，而恰好那个力量是悲观的、恐惧的、具有破坏性的时候，孩子很容易自愿成为这种黑暗力量的祭品。

比如，非常自卑的父母，用不断追求物质的丰富、外界的虚荣来逃避内心的恐惧，通常他们的孩子在现实中，要么成为一个不成器的败家子，迫使父母直视内心最大的恐惧，接纳不够完美的自己；要么成为不断创造成绩的人，但也仅仅局限于创造出成绩，却没有享受成绩带来的快乐生活的心力，成为一个不断创造成绩的机器，来完成对父母内在恐惧的安抚。

同样，还有一些父母，因为内在对自己是否定、厌弃的，就比较容易用完美的标准来要求自己，同时他对自己有多严格，就会对孩子有多严格。制造一个完美的孩子就成为这些父母逃离自我否定、自我厌弃的途径。而孩子也会不自觉地认同父母对于完美的追求，试图创造出一个绝对完美无瑕的自己来安慰父母，但最终孩子会因为追逐这种完美的幻觉而崩溃。

忠诚，汉语词条中给它的解释是捍卫，它的特点就是无私。当人们成为忠诚的执行者时，必然会导致自我的消失、自我的忽略。

我们看到上面的所有案例中，每一种忠诚都是那么让人唏嘘感慨。我们当然可以从父母失误的角度去解读，但是我在这本书里想要表达的是：父母不是灾难、恐惧的源头。父母的境遇也不过是由命运的偶然塑造。如果人们把自己现在的痛苦和悲伤全都归咎于那些偶然，那我们也就丧失了主动去把握自己命运的机会。

读懂父母的无力，读懂父母的恐惧，才有机会读懂现实的自己有哪一部分是一直纠缠于对父母的拯救（控诉）当中，而离真实的自己越来越远。

如果说我们现实的痛苦是由父母内在最强大的力量造成的，那我们就说不清到底是弱小的孩子在用纯洁的生命稀释父母的恐惧，还是父母用强大的力量塑造了孩子的内心。

在这个能量传递的过程中，我们很难说清楚到底谁处在更高能的那个位置。热力学定律中，高能永远向低能释放能量。好像我们找到了处在高能位置上的人，就找到了有责任、有能力纠正错误的人，找到了改变一切不美好的可能性。

但对于孩子来说，父母真的是高能的吗？或许在生活技巧方面，成熟的生命总是比新生儿拥有的生存能力更为强大。但内心的力量好像和年纪无关，也和所处的角色无关。一个生存技能强大但内心自卑的父亲，总是通过批评孩子让自己内心的无力感得到缓解。而孩子面对这些不实的、无休止的批评总是能够找到合理化它们的方法，让自己不陷入崩溃的状态。孩子内心总是有一种力量，让他原谅并依旧深深爱着父亲。我不认为这样的力量产生，只是单纯地源于害怕被抛弃，害怕丧失依附生存的大人。

这种力量自然而然地存在于每个生命当中。没有谁比谁更有能量，也没有谁比谁更有责任去承担、拯救另一个灵魂。

把内心的力量放在自我建设上来

我们无法拯救悲伤的父母，父母也无法拯救痛苦的我们。每个人都是——也只能是——自己的拯救者。在家庭中最大的忠诚，就是每个人诚实、勇敢地忠诚于那个并不完美的自己。

或许父母制造了我们的部分痛苦，但他们却不是责任人。这听起来是不是很荒谬？

如果你身为父母，面对孩子成长的时候，没能自我成长、给孩子更好的陪伴，那你有没有想过，你内在的力量着力点在哪里？

同样我们也要追问一下，我们的父母如果没有能力在我们成长的过程中，更好地建设他们自己，给我们更好的陪伴与呵护，那他们的内在力量放到哪里去了？

一个人成为更好的自己，就是会把内在力量放到自己现实角色的建设中去。而对于生命来说，没有哪个角色的重要性会比父母的角色更为重要、更有价值。

如果人们放弃了现实角色的建设，那原因只有一个，就是他还有比建设自己更为重要的事情。

对于生命的建设来说，较之更为重要的事情就是活下来。如果这个生命不存在了，那么对于这个生命来说，建设也就无从谈起。如果人们内心最大的力量没有放在自我建设这件事情上，往往是因为他们对于活下来的安全性是不确定的。

如果缺乏安全感，人们的注意力就不会放在自我建设上

如果身为父母，没有意识到自己的很多行为是源于对内心恐惧的逃避，那么为了获取安全感，他们会不自觉地抱怨祖辈，抱怨社会或者命运，强势（暴力）地对待爱人

和孩子，穷凶极恶地攫取财富名利，过度讨好或者远离朋友同事。

这样的方式虽然简单，并且貌似能够让人快速获得安全感，但在内心深处，人们深知自己是从与外面世界的关系里去获取安全感的，这才是令自己感到很不安全的原因。所以，对于一旦关系消失，安全感也就不复存在的恐惧，会让原本就缺乏安全感的自己更加惶恐不安。

简单地说，假设你认为自己不够好，你会有自我否定的恐惧。而你为了逃开这个恐惧，错误地认为只有当拥有足够的名气才能逃离，于是你就疯狂地创造名气。但你好或者不好，并不取决于你是否有名气。所以现实是哪怕你拥有了名气，也让自己看起来变得很好了，但你内心知道事实并非如此。那么这时候你内心就拥有了两个恐惧，一个是对自己不够好的恐惧，一个是对失去名气就会让自己和所有人发现你很不好的恐惧。

人们因为走错了寻求安全感的方向而疲于奔命，以至于越来越远离自己的内心。最终，人们沉浸在一场逃避恐惧的游戏里，看不见自己，也看不见爱人和孩子。看见的只是能够让自己逃开恐惧的一个又一个看起来简单有效的“工具”。

所以，当人们的注意力没有放在自我建设上时，他最大的力量会用来逃避恐惧，从而让自己先活下来。虽然在现实层面，有很多人已经拥有丰富的物质资本，但因为心灵中总是横亘着生存不下去的恐惧，所以人们会陷入无休止地创造财富、名利、关系的循环当中去。

对于这样的恐惧者来说，他会成为新的问题的制造者（造成孩子成长过程中的创伤），但因为他本身就活在问题当中，所以，他并不能为自己制造出来的新问题承担责任。除非，他的旧问题有人来承担责任。

家族沉淀的代际创伤

子女对于父母的忠诚，在这些问题一代又一代传递的过程中，发挥着非常巨大的作用。很多人沉浸在对父母爱的忠诚中，幻想着只要自己再努力一些，就可以拭去父母脸上的泪痕；只要自己做得更加坚定彻底，就可以驱散父母内心的恐惧。

人们在痛苦还能够承受，还没有对自己的生活造成巨大的破坏性之前，出于内在幻觉般的拯救父母的冲动，会对父母内心用尽最大力量去回避的那部分扮演一个呈现和修正的角色，并沉浸其中。

而当痛苦以灾难、疾病等方式出现在自己身上时，人们会发现自己过往所有的行为，并不能让自己内心被看见、被保护、被欣赏的渴望得到满足，并且还因为对自我的忽略让自己处境艰难。当这种失望的悲伤和愤怒自己再也无法去承受的时候，人们开始和父母讨要失去的一切，希望父母能够成为责任的承担者，拯救沉溺在痛苦中的自己。

但因为人们寄希望于拯救自己的，恰恰是此前自己舍身拯救的、无法自救的父母，所以，失望是必然的结果。

把制造问题的父母当作解决问题的责任人，虽然情理上说得过去，但现实生活是荒谬的，如果人们想要完成真正的内在成长，这条路是走不通的。

在我的咨询工作中，一位患有严重焦虑症的博士和我描述她的悲伤和愤怒时，是这样说的：

“我父母一直以我的学习成绩好为傲，我第一次考全班第一时，父母让整个胡同里的邻居都知道了，那是我第一次看见平时窝窝囊囊的父母和别人说话时是挺直腰板的。于是我就拼命地考第一，哪怕我是第二名，和第一名就差1分，但因为不是第一，我也会惩罚自己（她胳膊上、腿上隐蔽的地方有很多尖锐物品划伤的伤疤）。我希望因为我的优秀，让我父母能够永远在生活中享受骄傲的幸福感。

“但是我太累了，而且我发现离结束学生身份、参与社会竞争的日子越近，我就越力不从心。工作中有很多事情不是像学习知识那样，只要你努力就会有好成绩的。我的学习能力的优势在现实工作中并不能让我获得等价的成绩。我的压力很大，什么也不想做。但我父母却说‘早让你少读点书你不听，现在读书读傻了，浪费时间还浪费钱’。我真的崩溃了，我所做的一切都是为了他们，但他们却完全看不到我的付出。现在我不能完成学业，虽然也很着急，但看到父母着急的样子，我愧疚的同时也有很解气的感觉，甚至有一种莫名其妙报复他们的快感。我不知道我为什么要报复他们，一切明明是我自己选择的，但我就是有这样的感觉。”

你的世界总因你的需要而出现你需要的素材

或许，父母是人们成长问题的始作俑者，但解决困境的人，更应该是人们自己。

有的朋友会说，当一个内心匮乏的人处在无力的婴儿状态的时候，他是没有办法拯救自己的，所以需要一个很好的治疗师，来协助他完成对内在匮乏部分的补充发掘，当缺损的部分被修复，自我成长起来后，他就会被治愈。

我非常同意在一个人的成长过程中有这样的必要，一位专业的心理咨询师在一个人寻找真实自己的过程中所发挥的作用是很重要的。这和我想要表述的一个人的内在拥有原始力量和原始智慧的观点并不冲突。心理咨询是如何做到帮助人们寻找真实自我的呢？我认为重点是：再好的心理咨询师也是在“你”想要坚强勇敢面对痛苦的意愿下“召唤”出来的；“你”听见的每一个能够让你更加靠近真实自己的分析，都是你选择听见和接受的；当接受咨询的过程中，让你恐惧不安的真相逐渐出现时，也是“你”选择继续坚持决不退缩的时候。

在和真实的自己相遇的过程中，一位师长、治疗师、咨询师、好朋友固然非常重要，但你的世界总是因为你内心的力量而出现你需要的素材。当我们找到真实的自己时，我们最应该感谢的人，永远是自己。

在家庭当中，人们忠诚于父母内心中最为强大的力量，但仅仅是忠诚地呈现出来，不一定能让全家人快乐幸福——因为如果这个强大的力量不是自信、勇敢的，而是自卑、恐惧的，那么子女对于忠诚的守候，不仅不能治愈沉浸在恐惧中的父母，反而会因为对父母内在恐惧的认同，让他们自己也被恐惧湮没，甚至呈现出父母内心所恐惧的状态。

我们要如何理解子女对于父母的忠诚，如何才能更好地成为自己？这真的是一个非常庞大的工程，是一生的功课，不是临时起意去做某些事就行。不论人们是否意识到，人们总是忠诚于父母内心最强大的力量，无论他采用的是积极的方式还是逃避的方式。

只有当我们读懂了人生的荒诞和无常，接受了作为人的伟大和渺小，读懂了父母的无能为力和尽力而为之后，我们才能够从忠诚守护父母内心最强大力量的牺牲品，成长为超越父母的、让自己和家人引以为豪的真实美好的状态，而我们的孩子，也会在我们内在这种强大力量的滋养下健康茁壮地成长。

Chapter 7

在简单、安静中获得滋养和疗愈

你的内心总有一处宁静的圣地，你可以随时退避并在那里成为你自己。

——［德］赫尔曼·黑塞

认识自己作为人的有限性

人们总是习惯以喧闹来驱散内心的孤独、不安和恐惧，但如果仔细观察一下，我们就会发现，当人们的生存有了基本保障之后，拥有越多物质财富和复杂情感关系的人，往往越是感到孤独焦虑。而生活幸福、恬静、怡然自得的人，却大多是简单而纯粹的人。

在我的一次团体活动当中，一个30多岁的帅气男人分享了他丰富的业余生活。组员们沉浸在他描绘的五彩斑斓、应接不暇的各种聚会场景中。当他分享完后，一位女组员感叹地说："听你这样一番描述，感觉我也刚刚身处音乐嘈杂、热热闹闹、充满欢声笑语的嘉年华游乐园似的，热闹得有些令人目不暇接，喧嚣得有些孤独。"

这位女组员的感受也恰好是我的感受。

当这个男人在兴高采烈地诉说时，我一直在想，这么多没有意义的应酬和社交到底给他带来了什么？他本身已经有了很好的事业，收入也不错，这些聚会听起来不是工作和生活的需要，听众仅仅是听他的描述就觉得很累，想来他的内心或许也是很疲惫的。

就像嘉年华游乐园里的欢乐喧嚣只是生活中的点缀一样，这位男组员带来的热闹，很快就在其他组员开始分享自己的故事之后消退了。消退速度之快，程度之彻底，就好像从没出现过一样。而那位男组员也在别人开始诉说之后隐匿在房间的一个角落里，从他空洞的眼神里可以看出他并没有在听其他组员的分享，而是思绪茫然，沉浸在自己的世界里。

人们内心的声音是如此活跃，当它婉转悠扬时，这个人的生活就是恬静优雅的；当它激情澎湃时，这个人的生活就是奋斗的、开创性的；当它悲伤压抑时，这个人的生活是暗淡抑郁的。我们的生活与内心的声音通常是一致的，唯有一种例外——如果内心已经是死寂的，那这个人的生活却会是喧嚣吵闹的。绝大部分人忍受不了这种死寂，因为如果内心不够稳定，不够强大，那么环境越是寂静，内心反而越容易惶恐不安。

很多人都有过这样的经历：被老师（老板）叫到办公室，你站在那儿，老师（老板）静静地看着你不说话。那种沉默带来的煎熬让人手足无措，也让人愤怒。甚至有时候你希望哪怕他说出来的是批评的话，也比什么都不说的沉默要好得多。通常在这样的沉默对峙中，人们会开始自己找话说，或者直接开始从小事情上进行自我检讨。这样的场景也经常出现在妻子审问丈夫的时候，我们经常看到电视剧里有这样的场景：当一位妻子摆出要和丈夫谈谈的架势，却并不先出声时，丈夫就开始解释其实昨天不是在单位加班，而是和几个哥们儿喝酒去了。

在安静和沉默中与焦虑相遇

每次我带领一个新的团体工作坊，活动刚刚开始的时候，都会出现这样的情形：陌生的新组员们纷纷做完自我介绍之后，现场就会陷入沉默。组员们从一开始好奇地东张西望看其他人在做什么，到后来开始提问，再到后来总是会有人开口讲述自己的故事。

我们会发现当没有人讲述时，在安静的氛围当中，所有的组员都是紧张、兴奋、忐忑的；而当有人讲述时，其他组员就会很明显地表现出放松的状态，或是作为一个倾听者，或是作为一个参与讨论的人。总之，之前那种焦虑的氛围从小组工作坊的环境里消失了。

如果实在没有人说话，组员们总是会倾向于向我提问，有的问现在要做什么，有的问抑郁、焦虑、痛苦是怎么形成的，有什么解决办法等。

在短暂的安静里，沉默让大部分组员和自己内在的焦虑直接遭遇，而组员们远离焦虑的方式就是希望我能以讲课的方式来剖析焦虑。不论是期待我来讲课，还是期待有人出来分享自己的故事，抑或是听到人们讨论的声音，总之，“声音”在那个经由沉默激发出来的焦虑氛围里显得特别重要！一旦周身充斥着“声音”，人们会产生自己已经远离了焦虑的幻觉。而身处“声音”当中，人们也就离真实的自己越来越远。

寂静总是能够召唤出人们内心最大的恐惧，而内心的恐惧越多，就越不允许人们有片刻的安宁。于是外在的生活热闹而喧嚣，看起来一派繁荣，但只要稍稍安静，焦虑就会像野兽震耳欲聋的嘶吼，撕开内心的伪装。

没有享受过真正的宁静的人，不知道宁静有多么美好。

你可以不用借助任何声音，嘴角也会浮现微笑；任由外界风雨交加，内心恬静安然；不用任何伪饰，内心也会充满阳光；不用任何动作，心境也是欢喜的。身处这种宁静之中，你可以看见焦虑就在那里，但它不会影响你；看见欲望就在那里，但它不能驾驭你；看见恐惧就在那里，但它不能湮没你。这种宁静的状态下，心灵的力量是强大而真实的。

对于大多数人来说，能够安静地感受内心，淡定地接纳自己的过往，从容地面对未来，这不是一件简单的事情。因为只有直面内心的焦虑、恐惧、愤怒、悲伤，才能获得令人欣羡的“宁静”。

2019年美国畅销书《你当像鸟，飞往你的山》的作者塔拉·韦斯特弗，在这本自传中分享了她自己的故事：塔拉17岁之前因为家庭信仰、父亲专制的原因没有读过一天书，几乎过着与世隔绝的生活。从17岁开始，在哥哥泰勒的鼓励支持下，她摆脱家庭错误认知和生活方式的束缚，一路求学，最终成为剑桥大学博士。但是塔拉在获得学术上的成就之后，不仅没有迎来她以为的平静快乐的生活，反而陷入了深深的心理冲突，甚至一度精神崩溃。家人对她脱胎换骨的改变并不接受，她陷入父母以及其他哥哥姐姐的孤立、敌对中，被指责不应该背叛家庭，不应该质疑家庭给予她的情感，被要求放弃奋斗出来的学业成绩，回归家庭原始的生活方式里去。

与家人曾经带给自己的很多错误认知对抗，面对家人偏执、暴躁的态度对自己造成的伤害，面对爱与背叛的指责，塔拉开始回忆17岁之前那个懵懂单纯的自己，她和内心的愤怒、恐惧、悲伤对话，和记忆里承受巨大破坏性力量的自己对话，最终，她走出了精神崩溃的状态，开始了全新且坦然的生活。

如果只有能力上的提升，却不与不堪的自己相遇、和解，那么人们很容易陷入更加无助的自我否定中去；如果人们想要获得从容生活的心态和良好的自我感受，那就无法躲开直面曾经的自己。当然，这的确不是一件容易的事情，但是，凡是受益于这个过程的人都会知道——那绝对是值得的。

宁静、简单的力量

内心的宁静，不是全无声音，而是不需要依赖和外界建立联系就能获得内心的稳定，拥有安全感，自信而快乐。

在生活中，我们经常会有这样的体会：和有些人在一起，哪怕你们并没有交谈，也不做什么，但你看着他就觉得他忙忙叨叨的，和他待在一起的时间稍长一些就觉得很累；而有些人同样是不说话，也没有任何动作，即便是你处于慌乱中，但他所呈现出来的稳定、安静的状态，也会感染你，让你逐渐平静下来。

宁静、简单，是一种有力量的能力。

大道至简。中国哲学当中，对于“简”和“空”，都有着非常深奥的探索和解读。不论是空旷的草原，还是无垠的沙漠，不论是肃穆的紫禁城，还是静谧的艺术馆，“简”和“空”里所透露出来的信息是令人震撼的、让人折服的。磅礴的气势从一株草、一粒沙、一组云纹雕刻、一幅小画中喷薄而出。

我们经常在博物馆看到一间空荡荡的展厅，只在中央陈列着一件艺术品或者一本书，但我们并不会觉得那个房间空，反而觉得在拥有这件珍品的房间里再放其他任何东西都是不和谐的、多余的。一件物品的价值不仅仅在于它存在的物质属性，还在于它本身具有的气质、隐喻，能够让看到它的人内心充满了震撼，而“空”则是这种气质和隐喻的最好的呈现方式。这种“空”，不仅仅超越了艺术品本身的蕴意，也在于遇见“空”的人内心的体悟。

一个朋友和我说起她在西湖断桥上的一次经历。某个冬天，她们几位朋友相约去西湖玩耍，恰逢西湖迎来近年不常见的大雪。几人站在清晨的断桥上静静地享受着大自然的魅力，但她们当中有一个朋友却非常扫兴，一会儿抱怨天气冷，一会儿说去哪里购物更好，一会儿说这景色和自己城市里的皇家园林差远了，总之，这位朋友就像打破甜梦的闹钟，搅乱了那份难得的宁静、优雅、妩媚的意境。

我说，你们那位朋友平时是不是也毛毛躁躁，对很多人和事情都不满意，尤其对家人有不上进的抱怨，做什么事情都一开始心气很高，但比较容易半途而废？

我的朋友很好奇我怎么知道她这位朋友的性格状态，她问我是不是认识那个人。虽然我并不认识她那位朋友，但是在大自然广袤而性空的情景之下，内心安定、目标清晰、对自己的创造力有信心的人，往往比较容易和这个情景中的某种力量（有人把这种力量称为气场）融合；而一个内心焦虑、茫然，自信和安全感匮乏的人，就容易在这样的力量里感受到压迫，因为这类朋友内心不敢有“空”，一旦内心有“空”的感觉出现，他自己的焦虑就浮现出来，无法找到载体安放，这时候的“空”对这类朋友来说，非但不是一种宁静、力量，反而会让他感受到空虚、惶恐不安。

如果我们的内在不够强大，生活中就总会有一种惶惶不安的感觉，为了抵抗这种惶恐不安，人们会让自己显得忙忙碌碌，做许多没有必要的事情，而自己并不能觉察，直到精力耗竭而倒下。

在有限的生命里进行内心的建设

和外在的建设一样，人们也需要在有限的生命里进行内心的建设，实现人生价值。这样的建构模式通常会出现两种状态：一种是简单拥有一两件无价之宝，另一种是被琐碎繁杂的事物充塞。想要获得内心的价值满足，就要更多地去体验和实践。

正确的内在体验，需要人们尽可能不去评价，不去定义，只去感受。对于大多数人来说，这是非常挑战承受能力的，几乎违背了我们的认知本能——我们无法在看待一个事物时不去定义和评价它。譬如几乎所有人在幼年、童年时，面对突如其来的变化和威胁，都会有自己的解读，自然而然也就会去定义和评价。但无论用哪种方式，人们的核心目的都是为了保护自己内在认定的最重要的东西。这是人们本能的生存智慧。

重视内在体验是通往大智慧的法门，这一点不论是东方哲学宗教还是西方哲学宗教都是共通的。我们在这里无须达到那样深邃的境地，只需要一起来探讨人的本能模式和内在体验模式之间的差异。

简单地说，本能模式就是为了捍卫给我们带来价值感的内在认知，人们主动给自己所经历的一切人和事寻找合理解释、定义、答案。这样做的动机是人们不能接受事物不按照自己的意愿发生，如果它发生了，那一定有导致它发生的责任者。毕竟当我们用过去的经验武断地定义当下，就能很容易为这件事情的发生，找到一个肤浅的原因或者外在的责任者。

而内在体验模式就是我们不去用已有的知识判断，不用已有的价值规范去定义我们正在经历的事情，就像哲学家巴塔耶说的：一个已经“知道”的人，无法超出已知的视野。我们要让体验随性而行，不要通向一个预设的终点。我们要充分地感受事物本身，审视自己所有的感觉，不用预设任何前提，而是跟随体验本身的节奏去完成体验和对自我的观察。当然这也不意味着被外物左右，随波逐流。因为在这个过程中，人们要时刻保持自我觉察。

这个内在体验的过程听起来容易，但真的要完成，我们需要面对的是：正在体验的那些事情，可能给我们带来赖以生存的诸如安全感、被爱的感受、价值感等被剥夺的幻象，会不自觉地想象更多更可怕的事情，内心的恐惧也油然而生。

未知的总是让人焦虑，只有确定的才是安全的，所以人们容易用经验替代体验。但如果我们不去体验，只是活在自认为确定的、正确的过往经验里，那么我们就容易慢慢变得固执、狭隘，再也谈不上进行内心的建设。

谁是你幸福生活的无限责任者

很多人问：既然活着很辛苦，且最终难逃一死，我们为什么还要活着？

其实这个问题每个人都有自己的答案：只有活着，你才有机会去体验爱，去感受美好。但美好的事物总是要在我们经历一些挫折、挑战、压力、悲伤、痛苦之后，才姗姗来迟，且美好和爱的体验又似乎总是转瞬即逝。于是大多数人越来越恐惧丧失，拒绝丧失，对丧失感到愤怒。出于自恋的本能，人们的内心会认为应该有某个人能够为他创造，或者应该有某种方法、技术、学科，能够让他永久拥有持续的美好和爱的幸福体验。

这种恐惧、拒绝和愤怒的背后隐藏着的，就是人们渴望且认为自己应该一直被美好和爱包围。这种渴望实现得越充分，人们活着的意义和价值感受就越强烈。反过来，能够让人渴望实现的，必然是他认定的最为重要的、能给自己提供价值感体验的事物。他的内心不能接受这个事物的丧失，所以，只要发生了不好的事情、安全感受到威胁，就会自动为此找到一个解释、一个答案。其目的是找到究竟是谁导致了这一切，且人们相信一旦找到这个责任人，就可以改变或阻止事情不好的走向和结果，从而杜绝此类事情的发生。

但是真的存在这样一个无限责任者吗？

一位在人前很美丽优秀的女教授，在家庭中却经历着不为人知的家暴。在我们的咨询过程中，她对于自己三段半的情感经历进行了详细的回顾。

18岁刚刚进入大学，她开始了第一段感情，对方是一个长得很帅的男孩。俊男美女，郎才女貌，她认为自己很幸运。虽然她的很多同学、朋友都告诉她这个男孩和别的女孩关系暧昧，好像已经超越了同学情谊、男女友谊的范畴。但她却认为这不过是因为男孩很温暖，所以会让别人喜欢，而自己拥有了这样优秀帅气的男朋友，也会引发别人的嫉妒。所以她并没有把大家的劝告放在心上。最终这段初恋终止于一场多角恋曝光、几位漂亮女孩在校园里对骂互殴的闹剧。

她的第二任男朋友是在实习单位认识的一位帅气的男领导，男人成熟稳重的魅力深深吸引了她。虽然她也听一同实习的同学说起过这个领导经常和她们开一些略带色情的玩笑，但她觉得听起来并不过分，就没放在心上。半年的实习期中，她投入了全部的情感，也把自己的初夜交给了这个男人。但是最终，这个男人却以相爱的人不能在一起工作为由，拒绝聘用女孩，而他自己则掉头去国外出差玩起了失踪。

她伤心之余去国外留学，不再谈恋爱，发奋读书，一直读到博士，回国后就职于某高等院校。时间淡化了伤痕和记忆，她快30岁的时候，觉得自己再次遇见了爱情。恋人是另外一所学校马上要毕业的硕士在读生。他俩在一次学术活动里相识，对方知道她是某高校最年轻的教授之一时，就对她展开了猛烈的追求。姐弟恋就这样开始了。同样，这个男孩长相俊朗，也很有女人缘。甚至有几次，她去对方学校找他时，还看见他和其他女同学勾肩搭背、说说笑笑。她说服自己，年轻的男孩就是比较随便，不要因为自己年纪大就没有自信。最终，这段感情结束的原因是她没能帮助对方获得留京工作指标，而对方这个心愿被另外一个女生实现了，于是男孩娶了那个女生。

最后这半段感情就是她现在的婚姻。她说之所以把这段感情定义为半段感情，是因为已经对爱情丧失信心的她，在33岁的时候，经家人和朋友介绍，认识了现在的丈夫。她丈夫是一个话不多，看起来很老实本分的高中老师。当时的她认为这个男人所有的物质条件都还算凑合，而且她这个年龄好像也没有太多挑剔的空间，最关键的是这个男人看起来不是很有女人缘，甚至有些冷漠，但因为以往3次情感体验，她认为对方这种性格对于她来说反而不是一个缺点，认为只要时间长了，真的开始过日子了，这个冷漠的男人会被自己的爱温暖和改变。

于是她和这个男人见了3次面就决定结婚。没想到从婚后半年开始，女人还在怀孕初期，家暴就出现了，等到孩子上中学住校以后，家暴更是升级。

这个不幸的女人认为对自己来说最重要的、提供价值感体验的是什么呢？答案就在她过往的3段感情当中——异性的温柔呵护、体贴照顾。

这位女士回忆自己的童年：

> “我的爸爸是一位随部队驻扎在外的干部，很少回家；即便是回家来，面对我这个几乎是陌生人的女儿，他也是用简单粗暴的方式快速解决他认为的我身上的缺点。在我的记忆中，只要能让他开心，他就会对我和妈妈温柔以待；如果我惹他不开心，那家里就充斥着紧张、争吵、暴力。”

在这个女人内心深处，判定自己是不是有价值的一个标准，就是“我是不是一个好女儿，是不是一个好孩子，是不是能够被呵护和温柔对待”。所以在情感关系里会让她动情的男人，必须是拥有让她感觉温暖、甜蜜、被温柔呵护的能力的，甚至除了这个能力之外，这个男人其他部分是什么样子，她并不关心重视。

因为在她的童年时期，无数个夜晚，她都以为爸爸总是不回家，是因为自己还不够好；如果自己足够好，爸爸就会开心大笑，就会经常回家，妈妈也会很开心。只要自己能够做到让爸爸开心大笑，她就能被温暖呵护；只有让爸爸开心，她才是真正的好女儿，才配拥有幸福。

在这位女士心中是有一个执念的，那就是她认为爸爸应该就是对自己和蔼可亲，应该就是对自己温柔以待的，爸爸应该有这样的能力。所以，在她成年之后的生活中，只要是遇到了她认为能够对她温柔呵护、体贴照顾的异性——符合她内在认为最重要的、能给自己提供价值感体验的那个异性，她就会丧失基本的判断力和自我保护的能力，不断突破自己的底线，义无反顾地飞扑进她想象中的“好爸爸”的怀抱中去，当一次次的感情受挫，她失望、伤心之余，又会很“巧合”地选择一位她想象中的“坏爸爸”作为真实生活中的伴侣。

这种“巧合”几乎是必然会出现的，因为在这位女士内心深处，她真正想要的其实不是对她温暖呵护的男人，而是把一个冷漠、严厉、粗暴的男人改变成温暖呵护、体贴入微的人。

读懂父母的无能为力与尽力而为

人的潜意识特别奇怪，对于自己渴望但不曾拥有的东西，就算直接得到了，也不会相信自己真的拥有了，除非这个东西有些部分和自己曾经有过的经验是相通的；或者自己把某个和以往有着相同体验的东西，逐渐变成自己渴望的样子。只有这样，人们才会相信自己是真的拥有，而且值得拥有。

的确，爸爸妈妈就应该是温暖的，应该给予孩子无微不至的爱和关怀。

但是生活从来没有那么多“应该拥有”，更可能的是失去和被剥夺。

在我们经历过一段时间的咨询后，有一天这位女士和我说：

> “其实我是不是一个好女儿，和我爸爸是不是简单粗暴的一个人，和他怎么对我是没有关系的。他之所以

会用那样的方式对待我和妈妈，是因为他很小的时候，他的妈妈离家出走后再也没回来，所以他自己在处理和女性的亲密关系时是有局限的。但那不是我的错误，爸爸心理上的伤痛如果他自己没有意识到，那他就不会放松地去爱他生命中的女人——不是因为他不想，也不是因为我们不值得他爱，而是因为他做不到。”

我说：“或许他也是在用自己认为对的方式尽力去做了。对于父母来说，让孩子没有缺点地活着，也是潜意识里对孩子能够更强大、更安全地活着的期待，只是他简单粗暴的教育方式伤害了你。”

这位女士脸上流淌着泪水，露出一丝羞涩甜蜜的笑容，她说：“是的，我想他其实是很爱我的，爸爸每次从外面回家都会给我买一个家乡那边哄小孩的巴掌大的布娃娃，每次都买。直到我上初中了，告诉他我早就不玩这个东西了，他才给我零花钱，不再买那个娃娃。只不过，我认为他应该做得更好，那样我就会更幸福、自信，我以前从来没有真正地理解过他内心的孤独。”

原先，这位女士内心的爱和美好，和自己是不是能够获得爸爸的呵护、温暖、疼爱有关。以往的人生中，她对自己与爸爸情感关系的解读就是：因为自己不够好，爸爸不够好，所以才导致这样的情感关系出现。当她执着于用过往的经验来判断的时候，她看到的只能是自己的悲伤，而无法看见一个在爱的层面上很贫瘠的男人能够给她的有限的温暖，于是那些温暖也就不会成为她内心爱的力量。

这位女士最后对于爸爸的解读是一种释然，让我们看到她不再执着于内心曾经对爸爸和对自己的定义，而是接受了事物原本的样子，也找到了更加美好有力量的自己。

咨询结束后过了很久，我遇到过这位女士，她回到自己的生活中，并没有选择立刻离婚，而是很自信地用坚定的方式告诉丈夫，如果他不改变，她就一定会离婚。我不知道她具体是怎么做的，但她丈夫真的开始改变，在她的带领下也经常参加一些团体活动，两个人现在生活得很平静。

糟糕的职场关系隐喻着家庭关系中所受的伤

当我们情感受挫、失恋的时候，我们在意识层面会对情感的丧失有着很强烈的痛苦感受，在潜意识层面，或许我们会链接到童年时期，父母因为偏心其他孩子而冷落自己，或者父母因为其他原因而忽略自己带来的悲伤、愤怒与恐惧。

在这样的情况下，能给人们带来价值感的最重要的事物就是亲密关系中安全感的获得——爱的稳定性，在爱当中被理解、懂得的需要，在爱的关系中格外重视的需要是否被满足，都成为是否获得安全感的证明。

如果恋人没有及时回复你信息，恋人没有猜中你的心思，恋人没有做到“忽略全世界把你当成最重要的人”，除了你恋人还有其他的快乐来源，当这样的状况出现时，有些人就会觉得这段爱情的纯粹和安全是需要被质疑的。

人们因为害怕丧失最重要的价值感，通常都会拼命地抓住一个“人”或者某种事物，并且这样的关系并不局限在恋爱、婚姻关系当中，它会通过各种关系来呈现，比如说亲子关系、职场关系。

一位男士在职场中非常困惑，每一次他都能和别人快速地建立信任关系，得到一位很有能力和成就的老板的欣赏，成为那位老板的得力干将，但每次当他们共同的事业发展到一个新的高度的时候，他又总是和一同打拼的那位老大出现不可调和的矛盾或者误会，最终分道扬镳，曾经的努力也都落空。他很敏感地意识到这样的事情出现了三五次，那应该不是简单的“遇人不淑”或者职场经验不足、能力不够。于是他开始找我进行心理咨询。

原来，在这位男士的成长过程中，父母都是极度自私的人，在他的记忆当中，爸爸很少回家，妈妈是有好吃的自己会夜里偷偷躲在被子里吃，不会给他这个唯一的儿子吃。很多年以来，他对于父母这样的状态很费解，这让他总觉得自己好像一点儿也不重要，曾经是少年的他因此很是悲伤。但是他的成长过程中并没有受过父母的打骂、暴力，父母也没有对婚姻家庭有不忠诚的行为，所以，他对于父母的不满也没有什么合理的机会提出来，于是他在这样的费解中就懵懵懂懂地长大了。

对于这位男士来说，他认为对自己最重要的、给自己提供价值体验的就是确认自己存在的重要性，一旦丧失了重要性，就意味着他内心又要跌入童年时期那被忽略、不被重视的悲伤、恐惧当中。

职场的上下级关系，也象征着父母和孩子的关系。当这位男士在这样的象征关系当中，要把自己的重要性最大限度地体现出来的时候，就很容易出现越俎代庖、不恰当参与、功高盖主等情况，而当打拼期过了之后，自己依然全情投入地发挥“重要性”，就容易引发合作者的不安全感或竞争感。最终合作失败的概率自然就会很高。

虽然他的父母过世很多年了，但他内在想要从亲密关系当中确认自己“重要性”的渴望却从来没有停止过。他说自己并不恨父母，因为父母的人生有太多的灾难、苦痛，如果自己有父母那样的人生经历，说不定自己做得还不如他们好。他只是觉得自己很失败，没能做得更好、更有力量、更优秀，自己应该能够让父母获得更好的照顾和生活条件，但是他做得并不好。

孩子青春期的叛逆隐射了父母内心的恐惧

当你在生活中遭受挫折，为自己的回避或无能为力而寻找借口时，你是否想过：如果我们足够幸运，那我们应该生得健康；如果我们足够幸运，那我们应该拥有会做父母的父母；如果我们足够幸运，那我们应该拥有每个孩子都应获得的爱和呵护；如果我们足够幸运，那我们应该会遇到师德很好的老师……

总之，人们总是在“应该拥有”的错觉当中，拒绝接受生活的无常。

这样的拒绝反映在行为上，就表现为不断去制造、抓住很多的关系，攫取很多的物质，人们的生活也因此变得喧嚣繁杂，而自己的身体也会提前衰老，各种重大疾病年轻化，甚至无意识中会伤害自己的孩子。

在工作的十几年中，我发现青春期孩子叛逆的案例越来越多地成为咨询的一个重点。这当然和父母在孩子青春期前如何对待孩子、如何对待自己的婚姻关系有着密不可分的联系，除此之外，还与一个很重要的因素有关，就是父母如何面对自己内心渴望的、最重要的价值丧失的恐惧。

越恐惧完美感丧失的父母，对孩子出现的合理行为问题就越是毫无容忍承受的能力，从而加以干预；越恐惧自己不被爱的父母，对孩子爱的尺度越容易突破底线；越恐惧被人觉得卑微、让人瞧不起的父母，对孩子的尊严剥夺就越强烈，甚至让自己的尊严感建立在孩子的羞耻感上……

咨询中这样的案例有很多，虽然父母都很着急地邀请咨询师快些“治好生病的孩子”，但真正需要被治疗的是父母内在对于恐惧的逃避。

真正的觉醒源于痛苦

我们在面对自己生活的时候，如果总是希望从外面找到一个能够承担自己恐惧的人或者物，那最终我们会失望的。因为当你一味地向外寻找，其实往往你内心深处会认为这个东西不存在，甚至你根本不相信它是存在的。所以即便你暂时拥有了你认为能够帮你逃避恐惧的人或者物，找到了它们，最终也只会验证它们是没用的。人只相信自己愿意相信的。

忙忙碌碌、吵吵闹闹的生活，原本是为了逃避自己内心的恐惧，最终却只能让自己坠入更大的焦虑当中。

只有让自己的心灵回归简单纯粹、安宁平静，允许自己的恐惧浮现出来，我们好好看清楚恐惧的样子，才有可能不让自己被未知的恐惧追逐一生。

直面恐惧，直面这人类最大的心理黑暗面，从而获得真正的、不会丧失的力量，这就需要人们面对生活和自己的心灵体验时，完成模式转变，而这个过程无疑是一场极大的挑战和煎熬。

但是金子总是淬炼出来的。存在即合理，事情发生也是众多必然和偶然共同作用的结果。这其中有个体的智慧，也有自然的智慧，也有群体无意识创造出来的结果中所蕴含着的群体智慧。这个智慧的表象并不一定和我们常识中的好坏对错一致，所以只有当体验到内心是真诚、不拒绝的状态时，事物本身的智慧和人内在本身的智慧才会产生共鸣，人们在此时才能获得智慧和力量。

这样的体验过程是漫长且坎坷的，而人们用一生的精力去体验“生”之恐惧和“死”之恐惧尚且忙不过来，倘若拥有的关系或者外在物质比较少，就更容易穿透关系和物质的迷障，看到自己内心真实的恐惧，并且有机会去处理这些感受，但拥有的关系和物质越多，人们越是容易疲于奔命，从而失去和自己内心相遇的机会。

我很喜欢黑塞的一句话：你的内心总有一处宁静的圣地，你可以随时退避并在那里成为你自己。

对于大部分人来说，面对生活和自己的心灵体验时，打破固有的以经验代替体验的模式，完成模式的转变，真的是一件极具挑战的事情。通常人们在体验的过程中，因为痛苦和无力感，会本能地进行反抗，反抗的方式就是在现实层面的关系和物质中去获取安抚。但是这种反抗是荒诞的。恐惧本身就是我们作为人的存在的一部分。看起来我们想要逃开的是恐惧，其实是逃避我们内心那个不完美的自己。而一个人是无法逃开自己的。

能够成就自己的是直面内心的恐惧，能够毁灭自己的是拒绝内心的恐惧。

> 真正的生活是在撕裂内部出现的。生活，就是撕裂本身。真正的觉醒源于痛苦。
>
> ——加缪

Chapter 8

与自己来一场亲密的邂逅——向内探寻，直视恐惧

成为一个独立者，并以之为起点去思考，向内思考——这是我们所有人的必修课。

我时常在想，为什么我会对心理学这么感兴趣，为什么我会写一本关于恐惧的书？对于读者来说，这并不是一个很讨喜的话题，人们总是会有意无意地逃避恐惧的体验。回想自己将近知天命的人生所见，我心中的感受是没有办法用一两个词汇描述的。

或许我们的人生经历中，对于匮乏的、无法逾越的那部分人生经历带给我们的情感体验，总是会有更深的印象和感受，而我们当下的生活选择也和这部分紧密关联。

孤独与恐惧

我出生在一个医生家庭，父母都是医生。我是那个年代为数不多的独生子女，父母对我寄予了很多高期待，给予了很多爱护。但是，因为他们的性格、生活方式和世界观，导致我从小就几乎和身边的世界隔离。

在我的童年印象中，最为深刻的不是广袤的山川田野、热闹的街头巷尾，不是小伙伴们一起无忧无虑地玩耍，而是父母上班后空空荡荡的家，是陪伴我长大的书、音乐和充斥着来苏水味道的医院，以及形形色色的患者。

我父母是医生，家里也和医院一样充斥着来苏水的味道，所以我最喜欢待的地方是医院的中药房。那里有容纳很多小方抽屉的大木头柜子，每一个小抽屉里的东西都不一样，味道也都不一样。那些味道是我记忆中唯一和父母身上、和我家里不一样的味道。

我一直以为，这个世界的味道应该就是这些小格子里的味道。我经常打开这些小抽屉，痴迷地闻着那些千变万化的味道，想象这些草根树叶一样的东西的生长环境是什么样的，它们能够有这么美好的味道，生长的地方应该也是很美的吧！现在想来，我对于那些味道背后的场景、环境的想象就是我对渴望看到、却又并不熟悉的世界的幻想。

记忆里烙下印痕的除了医院里的味道，还有各种声音——在医院里很少听见笑声，有的只是病人和病人家属呻吟的声音、愤怒的声音、痛苦的声音、悲伤的声音，还有绝望的声音。多年以后，我在媒体心理情感节目中对于当事人长时间、激烈的愤怒痛苦等情绪的表达，能有较高的耐受性，我想就是因为我已在这种经历中打下了很好的基础。

很小的时候，我就被父母带去医院和他们一起上班。他们的同事几乎都认识我这个不怎么说话，总是在医院楼道里游荡的小女孩。我喜欢看药房里的瓶瓶罐罐，看各种颜色的药片被药房阿姨分装到白色的小纸袋后，从门洞形状的小窗口下递到窗外，然后那些脸上写满了对病痛的愤怒、恐惧、无力、悲伤的人们，伸手快速地接过药袋，就像是把药袋子从药房阿姨的手上抢走一样。他们抢走的不仅仅是药，还有对生命的渴望吧。

医院是我的乐园，在这里我虽然孤独，但是并不寂寞。我不讨厌哭泣、哀号的声音，我让自己喜欢上药物和来苏水的味道，我喜欢躺在病房里的空床上，听走廊里人们和疾病、死神厮杀的声音。那些声音让我觉得自己是真实存在的。

第一次直面“死亡”恐惧

有人说，如果在医院里有哪个地方的痛苦被视为理所当然，甚至还能称为美好，那应该就是妇产科了。产房是迎接新生命的地方，也是家庭扬帆未来的起点。然而，对于当年只有四五岁的我来说，在那里的一次经历却是我早期记忆中最可怕的噩梦。

那天妈妈上夜班，去抢救一个急诊病人，我又一个人在医院的楼道里游荡。而妇产科手术室外很少见地没有等候的新生儿家属，平时紧紧关着的手术室大门也大开着。我隐约听见里面有声音，若有若无。好奇心盖过了恐惧，我走进了手术室那道门，里面还有很多个房间，大多数都锁上了，只有一个房间的门是虚掩着的，而那道似有似无的声音好像就来自那里。

我走到门前，被眼前的一幕震撼了，甚至影响了我未来的人生。

一张产床上躺着一个女人，两腿架起来张开，朝向我所站的门口，被无数美好的文学作品描述过的生命源头的“神秘大门”，就那样赤裸裸地呈现在我眼前，而那个女人两腿之间流出的血，已经将白色的产床染成了黑红色。

寂静中只有血液滴滴答答的声音，连我的呼吸声都消失了。后来我经常回想，当时现场应该并没有血液滴下来，但不知道为什么，印象中那滴答的声音，就像时钟走动的声音一样一直伴随着那个画面。

后来手术室门口涌进来好多医生护士，他们几乎是冲进来的，我听到有人大喊：“这孩子怎么在这里？快抱走。”

我不记得我是被抱走的，还是自己吓得跑走的。那段记忆在医生护士冲进来之后就停止了。

那个产妇是生还是死，她发生了什么事情，我完全不知道，我没有告诉妈妈我看到了这一幕，我出现在手术室的事情也没有人告诉妈妈，一切了无痕迹。

但是生与死，身体与生命，滴滴答答的声音，就像深海里海床上的沙，厚重地积存在我灵魂的深处。

聆听孤独

和医院相比，小时候的我不喜欢家。

空，是家带给我最初始的记忆。而我的人生到目前为止，最主要的课题就是处理这个无处不在的“空”。

三四岁时的某一天，爸爸妈妈都要去上班，妈妈给我做了很久的思想工作之后，把我一个人反锁在单元房里。

即便四十多年过去了，现在我闭上眼睛，依然能够听见房间里仅余的我的呼吸声和钟表嘀嗒嘀嗒的声音。这个声音在空荡荡的房间里显得那么震耳欲聋——孤独淹没了一切。

从窗口看着妈妈消失在拐角处之后，我开始巡视我的家。

我从来没有那么仔细地看过我的家，以前没有，以后也没有。我看门后，桌子底下，床下面，柜子里，抽屉里，大衣柜、箱子、饼干桶里，窗帘后，阳台上，甚至米桶里我都非常仔细地看了一遍。我不知道自己要找到什么，但当我把所有能打开的地方，能掀起来的地方，能遮挡的地方都看了一遍之后，我知道这个叫“我的家”的地方真的只有我一个人。坐在自己房间里的小床上，我开始流泪。无声的泪滴到我的手臂上，滴滴答答的。

在我后来的生活中，好像“滴滴答答”的声音一直追赶着我，我分不清那是产房里的血滴声，还是寂静的房间里的钟表声，还是滴落在我手臂上的泪珠声。

长大以后我很喜欢音乐盒，其实相对于音乐盒发出的音乐声，我更喜欢音乐盒里拨片拨动的嘀嗒嘀嗒的机械声，它安静而稳定，当这个声音越来越弱的时候，音乐的声音也越来越慢，直至消失。

冰冷的机械嘀嗒声能够制造出悦耳动听的音乐，嘀嗒声是生命的象征，嘀嗒声是现实的督促，嘀嗒声是神秘的未来的召唤。

邂逅生命的本质

生活永远不会只给予而不索取，也永远不会只剥夺而不馈赠。

如此孤寂的童年，让我懵懂之时就与静谧之中的生命本质有了亲密邂逅。

我聆听自己心跳的声音，知道肚子咕咕叫的时候时针会指向哪一个数字，我看着手腕上脉搏跳动的起起伏伏，我闻自己皮肤和头发的味道，闻妈妈枕巾上的味道。

很小的时候，我就会长时间地盯着镜子里的自己看，看这个镜子里的小女孩是谁，问她从哪里来。

不到5岁的孩子自然没有办法回答苏格拉底和柏拉图的终极哲学之问，我想不明白，就会坐在窗口、阳台，听风和鸟的声音，听花开的声音，听雨滴的声音，听雪摩擦地面的声音……听一直都有却少有人注意的声音。

安安静静地聆听也成为我成年后的一个优势。心理咨询中，最为重要的一个技术就是倾听，不是单纯地听来访者说话的声音，而是听他们隐藏在心灵最深处，隐藏在语言背后的悲伤、恐惧、愤怒，聆听他们自己或许都没有意识到的生命最真实的声音。

我在长大，这个世界也在长大。不知道是我现在身体逐渐衰弱，还是这个世界进入了青春期的躁动，小时候那种大自然发出的声音越来越弱，有时候人们甚至要花很多钱去很远很远的乡下，才能听到那些静谧的声音。

我们身边的声音太杂乱了，人制造出来的，机器制造出来的，这些声音越来越大，人身体里的声音也越聚越多，多得快要爆炸迸发出来。

生活的旁观者

人在极致安静的状态下就会内观自察。我发现我对自己很陌生，一个人在家时，这种陌生令我倍感孤独，于是我开始探索父母的书柜——虽然那些藏书现在看起来并不算丰富。

很小的时候，在《新华字典》和《辞海》的帮助下，我就读了《红楼梦》《聊斋志异》《三国演义》《水浒传》

《红岩》，还有国外的文学作品《简·爱》《钢铁是怎样炼成的》《安徒生童话》《伊索寓言》《一千零一夜》《格林童话》。

这些书拯救了我苍白孤独的童年。我对这个世界的了解就从这些书籍开始。

“看”和“听”是我触碰世界的方式，因此当我上学之后，我似乎没有在现实中交朋友的能力。无论在哪个学校（我曾频繁地转学，小学转学4次，初中3次，高中两次），我好像都是一个旁观者、局外人。

恐惧、孤独是人成长中的重要动力来源

在生命中很长的时间里，我都在和自己的孤独进行对话，对话的方式是尝试生活中的各种关系。在最初的时期，我以为只要找到一个强大的拯救者，就可以驱散这种内心的痛苦，然而我失败了。每段关系看起来都有美好的开始，但最后都会迅速地以痛苦结束，这种方式不仅没有减轻我的痛苦，反而给我带来了新的创伤。

后来，我尝试用人们常说的成功来驱散内心的恐惧、悲伤，然而也失败了：当我拥有了所谓的事业、金钱和名誉之后，我没有能力将物质带来的快乐转换成内心笃定的幸福感，我害怕别人对我的欣赏、信任和喜爱会因为这些物质标签的消失而消失，于是我陷入了不敢失败、不敢犯错的焦虑泥沼。

我也曾试图将自己无法解释和消退的痛苦归咎于父母，我以为和父母辩出个对错，他们就可以拯救我。然而，这样的纠缠把一切都拽入黑暗的深渊，不仅期待的拯救没有出现，反而连家庭、心灵最后的平静也被撕碎。

我甚至曾经想过寻求某种宗教信仰的庇护，我以为进入更大的爱的港湾，就能找到我的伊甸园。然而我还是失败了，因为我发现如果自己没有一颗宁静的心，一旦脱离了那个环境，内心的惶恐并没有减少。

我是一个向往自由的人，我需要爱，需要成就和金钱，需要信仰，我不愿意成为恐惧和焦虑的奴仆。

我要成为我人生的主宰，我要为自己找到心灵的归属。

既然我想拥有更为高级的人生，也不想被任何一种物化的东西束缚，那唯一的路就是向自己的内在求索了。

就此，我开始了心理学的探索之旅，在这条路上，我看到了很多在痛苦和黑暗中迷失、挣扎、蜕变的生命。在他们的故事中，我深深地体会到：恐惧、孤独是人们成长当中很重要的动力来源，正是因为想要远离这些感受，人们才会不断地发展自我，提升自己的能力，从而让自己拥有更多快乐、温暖、安全的愉快体验。

同时，人们的孤独、恐惧是源于童年时期的重要关系，社会生活对于我们人格的影响，远远没有家庭中的重要亲密关系的影响深刻。

做自己内心恐惧优雅的聆听者

在跌跌撞撞的成长过程中，我被各种恐惧驱逐着。但不论我走到生命的哪个阶段，我都有一种好奇，我想看看：如果我不屈从这个世界对大多数人的塑造，单纯做自己——既不被焦虑和欲望吞噬，也不过度防御，而是真诚地面对生活，诚实地面对自己的内心，让自己尽可能体验生活中的各种可能，静听生活的倾诉，保持内心的勇敢，生命又会是怎样一番景象呢？

我们是延续父母内心的恐惧来塑造自己的一生，乃至我们孩子的人生，还是勇敢去做我们父母曾经无力做到的事情，直面焦虑，直视内心的恐惧，完成自我和家庭真正的成长？

就像我在孤独的童年时，安安静静地聆听自己和世界，让我走进了书和艺术的怀抱一样，我相信只要静静地聆听内心真实的声音，顺着人生的台阶拾级而上，就会看到生活最真实的样子；就像我从未怀疑痛苦或者恐惧的背后是有答案的，黑暗当中也是藏着光芒的，找到那个答案就找到我来的地方，找到光芒，找到我自己。

跟随着内心的声音，在生活中会经历很多不一样的状态；跟随着内心的悲伤，会看见人们太多时候在焦虑与欲望中挣扎；跟随着内心面对恐惧的勇气，我果然拥有了更多的力量。

我在追寻答案的过程中，对于我是谁，我是怎么活下来的，是什么让我成为今天这个样子，从未停止过思考。这思考有时会撕裂我的内心，撕碎我的睡眠，甚至撕碎我为恐惧编织的各种遮羞布，但我总是像小时候那样期待着再坚持一下，或许就会有完全不一样的体验。

有那么一段时间，我似乎很执着地想找到问题的答案，但就在我以为自己找到了答案的时候，我发现答案已经不重要了。

活成自己想要的样子，这就是生命的答案。

唯有向内探寻，直视恐惧，才能找到爱和宁静

当这样的答案出现在我内心的时候，我看到的生活好像都变了。我看到童年的我虽然孤独，但那是父母用爱筑造的他们认为的净土；我看到每一个人、包括父母都变成和我一样大的年纪，每一个人都在用自己的方式尽力地活在自己的时光里；我看到童年真正被囚禁的不是我自己，而是父母的勇气。

当我看到这些的时候，我不确定是不是找到了答案，但我认为我找到了另外一笔对于我来说无比重要的财富——那就是爱和宁静。

还有什么事情比和自己的恐惧和解更为轻松的呢？

只有和恐惧和解，我们才会拥有真正的力量；只有和恐惧和解，我们才会拥抱内心最真实的自己；只有和恐惧和解，我们才会感受到爱的甘之如饴。

如果说，人生就是每个人需要渡过的那条河，悲伤的

是——有人在水中挣扎，有人快要溺亡，有人不顾甲板舱底的破洞一味地给船身描龙画凤；感慨的是——不论人们处于生命长河中的哪个位置，不论姿势、方法对错与否，生命都在顽强地逆流而上；感叹的是——人们在苍茫的荒原上用艺术和科技优雅地应对着内心的恐惧。

人们总是有这样的智慧，不论有多少艰难挫折，生命总是能够找到自己最合适的姿势，生存在他无法选择的命运中。但我们总是期待着生活会让自己稍微轻松一些，少一些内心的焦虑，少一些挫折，而真正能够实现这个目标的唯一途径，就是向内探寻，直视恐惧。

后记

“我”永远是，也只有“我”才会是，我们自己人生的承担者

对于这本书的撰写我觉得非常有巧合性。2019年年底，在和我的编辑徐老师讨论这本书的截稿日期的时候，我心里给它留出来的创作时间就是正月初五开始，一个月内完成。

更年轻一些的时候，工作总是比生活重要，但随着自己不断地学习和成长，随着岁月不断地洗涤我的情感，在

我现在的年纪，生活和工作不再是一个对立的关系。我明白了工作是生活的一部分，是我们去感受自己价值的一种方式，但那不是对自我核心价值感的幸福体验的唯一来源。

虽然工作中获得的幸福感也经常出现，但是作为一个人，如果生活里只是工作，那么对于内心的“我是谁”这个灵魂拷问，我们就很容易单纯物质化地完成对自己的理解。就好像“我”成了价值的创造者、科技的发现者、物品的制造者、奖牌荣誉的拥有者，成了创造物质价值的一架机器。这个创造过程，是我们和自己的思想、勇气、能力、创造力在一起，我们完成物质价值创造越巨大，我们和自己结合得就越紧密，我们也会更孤独。

当然，我不是说这些东西对于一个人内在的体验是不重要的，对于自我的建构，那是非常重要的一部分组成。

但那也只是一部分而已。对于满足、充实、安全、幸福的复杂自我体验来说，仅有物质化的价值证明，是不够的。

生活另外一部分的重要构成就是情感关系，在人们众多的情感关系当中，父母、夫妻、子女、兄弟姐妹、朋友同事都在发挥着对于一个人自我安全感和价值感非常重要的意义。

人们恐惧丧失，而自己创造价值的能力通常不会轻易突然失去，但情感关系却在人的生活中没有永恒性和稳定性。这不是说情感关系不可靠，而是人生总是那么无常，而我们无论能力多强，面对生活的无常，都会显得那么脆弱。

所以，现在的我对于生活中的情感关系，只要有体验的机会，我就会把经营情感关系的选择放在工作选择前面。人生苦短，不论父母、夫妻、孩子，还是朋友，相伴一段人生旅途都是不可再来的缘分。

于是，虽然期待这本书的朋友们，都怂恿我把这个工作放在第一时间完成，但我依然把它放在了春节的初五之后。

我家是老北京人，爸爸是满族人，对于一些古老的习俗，我们这个家族还是很重视的。春节就是我们家族非常重视的一个大日子。在老北京人心中，最大限度地把春节压短，也要从大年三十到过完破五才算是过节。所以我要把生命中很重要的情感关系的体验呵护好，为了我和我爱的亲人们的缘分，为了我自己的内心。我想，对于“我是谁”这个问题，有物质化的价值证明，有亲密情感关系的联结，就基本完成了对于自我理解的一种建构。

但我没有想到的是，我这个无意之中做出的工作时间安排，却赶上了疫情。我这本书写的是人们面对恐惧要“向内探寻，直视恐惧”，完成真正力量的获得，而疫情恰好将人们推入了集体恐惧的境地。

在这样的特殊时期，我暂时放下手上创作的书，通过各种公益讲座、心理热线去和全国人民一起面对这次疫情。这也在短时间里，在如此高浓度的恐惧环境当中，让我更加坚信创作这本书的初衷和方向都是正确的。

通过各种公益活动，我发现，在如此铺天盖地的恐惧袭来的时候，人们以往因焦虑而产生恐惧的防御机制都几乎瘫痪，以往能够支撑自己内心价值感和安全感的物质化东西都变得没那么有作用。

随着疫情时间的延长，随着疾病、死亡的各种信息的扩散，人们不得不去面对自身的无力感和命运的无常，那个和物质化价值具有相同重要作用的，但一直以来却被我们忽略的有价值的东西逐渐成为人们思考的主题。

那就是，我如何以“我”来为自己的人生进行承担！

在这个过程中，我在参与各种形式的公益活动时发现，人们在恐惧的推动下能够创造方舱的奇迹，能够达成与亲人矛盾的和解，能够激发在无力感和无常的环境中人类最伟大的坚强、善良和慈悲。我也发现在这样的恐惧推动当中，人们无法逃避自己内心的焦躁不安的时候，不去向内探索力量的人们，不敢直视恐惧的人们，更多地成了自己和他人生活的破坏者。

正是这些“看见”，让我认为我这本书当中的思考和观点，如果真的成为一个人的思维模式、成长方向，那么他就会自然地和真实的自己相遇，和自己的力量相遇，进而也会和智慧、幸福的生活相遇。也只有这样，我们才不会被越来越快速的发展带来的焦虑所迷惑、淹没、吞噬。

很多人问我：人为什么要有思想，就这么难得糊涂地活着不是很好吗？我非常认同这个观点，但请不要走入一个误区，难得糊涂是在一个清醒的、有思想的状态下偶尔的糊涂，而不是浑浑噩噩、糊涂地度过一生。

至于思想对于一个人的价值到底是什么，我想起一部讲述十字军东征的电影，捍卫耶路撒冷的男爵在和另外一个宗教派系的教皇谈停战协议时有这样一段台词：

男爵问教皇：耶路撒冷意味着什么？

教皇回答：耶路撒冷什么都不是。

沉默十几秒之后，教皇又说：它是无价之宝。

永远不要放弃向内成长，不要放弃对思想的思考，那是我们作为人最美好的体验，也是我们能够靠近爱和宁静的唯一道路。

“我”永远是，也只有“我”才会是，我们自己人生的承担者。

3月12日　截稿于北京夕日斋

遵守伦理设置，案例信息均已处理改编，雷同属巧合，请勿对号入座。